战略性新兴领域"十四五"高等教育系列教材
纳米材料与技术系列教材　　　　　总主编　张跃

材料服役损伤微观机理

何　洋　张冰芦　马　源　蒋宝龙　编

U0280464

机 械 工 业 出 版 社

本书为材料类专业的技术基础课教材。本书以科学研究进展为依据，重点介绍了金属材料、二次离子电池材料、催化剂等常见材料的服役损伤和微观机理，以及改性防护的理论和措施，还介绍了一些相关的原位实验研究方法。

全书共 8 章，包括：金属材料的氢脆机理及抗氢设计、金属材料的液态金属致脆机理、高温合金的服役损伤及机理、金属材料辐照损伤与机理、二次离子电池材料中的服役损伤、催化剂失活机制、原位实验研究方法、服役损伤机理的模拟研究方法。

本书主要供材料科学与工程、材料物理、纳米材料等专业的高年级本科生、研究生使用，也可作为相关专业科技人员的参考用书。

图书在版编目（CIP）数据

材料服役损伤微观机理 / 何洋等编. -- 北京 ： 机械工业出版社，2024.12. --（战略性新兴领域"十四五"高等教育系列教材）（纳米材料与技术系列教材）.
ISBN 978-7-111-77666-6

Ⅰ. TB301

中国国家版本馆CIP数据核字第2024N27W69号

机械工业出版社（北京市百万庄大街22号　邮政编码100037）
策划编辑：丁昕祯　　　　　　责任编辑：丁昕祯　王效青
责任校对：梁　园　王　延　　封面设计：王　旭
责任印制：刘　媛
北京中科印刷有限公司印刷
2024年12月第1版第1次印刷
184mm×260mm · 8印张 · 195千字
标准书号：ISBN 978-7-111-77666-6
定价：39.00元

电话服务　　　　　　　　　　网络服务
客服电话：010-88361066　　机 工 官 网：www.cmpbook.com
　　　　　010-88379833　　机 工 官 博：weibo.com/cmp1952
　　　　　010-68326294　　金 书 网：www.golden-book.com
封底无防伪标均为盗版　　机工教育服务网：www.cmpedu.com

编 委 会

主任委员：张　跃

委　　员（排名不分先后）

序

　　人才是衡量一个国家综合国力的重要指标。习近平总书记在党的二十大报告中强调："教育、科技、人才是全面建设社会主义现代化国家的基础性、战略性支撑。"在"两个一百年"交汇的关键历史时期，坚持"四个面向"，深入实施新时代人才强国战略，优化高等学校学科设置，创新人才培养模式，提高人才自主培养水平和质量，加快建设世界重要人才中心和创新高地，为2035年基本实现社会主义现代化提供人才支撑，为2050年全面建成社会主义现代化强国打好人才基础是新时期党和国家赋予高等教育的重要使命。

　　当前，世界百年未有之大变局加速演进，新一轮科技革命和产业变革深入推进，要在激烈的国际竞争中抢占主动权和制高点，实现科技自立自强，关键在于聚焦国际科技前沿、服务国家战略需求，培养"向极宏观拓展、向极微观深入、向极端条件迈进、向极综合交叉发力"的交叉型、复合型、创新型人才。纳米科学与工程学科具有典型的学科交叉属性，与材料科学、物理学、化学、生物学、信息科学、集成电路、能源环境等多个学科深入交叉融合，不断探索各个领域的四"极"认知边界，产生对人类发展具有重大影响的科技创新成果。

　　经过数十年的建设和发展，我国在纳米科学与工程领域的科学研究和人才培养方面积累了丰富的经验，产出了一批国际领先的科技成果，形成了一支国际知名的高质量人才队伍。为了全面推进我国纳米科学与工程学科的发展，2010年，教育部将"纳米材料与技术"本科专业纳入战略性新兴产业专业；2022年，国务院学位委员会把"纳米科学与工程"作为一级学科列入交叉学科门类；2023年，在教育部战略性新兴领域"十四五"高等教育教材体系建设任务指引下，北京科技大学牵头组织，清华大学、北京大学、浙江大学、北京航空航天大学、国家纳米科学中心等二十余家单位共同参与，编写了我国首套纳米材料与技术系列教材。该系列教材锚定国家重大需求，聚焦世界科技前沿，坚持以战略导向培养学生的体系化思维、以前沿导向鼓励学生探索"无人区"、以市场导向引导学生解决工程应用难题，建立基础研究、应用基础研究、前沿技术融通发展的新体系，为纳米科学与工程领域的人才培养、教育赋能和科技进步提供坚实有力的支撑与保障。

　　纳米材料与技术系列教材主要包括基础理论课程模块与功能应用课程模块。基础理论课程与功能应用课程循序渐进、紧密关联、环环相扣，培育扎实的专业基础与严谨的科学思维，培养构建多学科交叉的知识体系和解决实际问题的能力。

　　在基础理论课程模块中，《材料科学基础》深入剖析材料的构成与特性，助力学生掌握材料科学的基本原理；《材料物理性能》聚焦纳米材料物理性能的变化，培养学生对新兴材料物理性质的理解与分析能力；《材料表征基础》与《先进表征方法与技术》详细介绍传统与前沿的材料表征技术，帮助学生掌握材料微观结构与性质的分析方法；《纳米材料制备方法》引入前沿制备技术，让学生了解材料制备的新手段；《纳米材料物理基础》和《纳米材料化学基础》从物理、化学的角度深入探讨纳米材料的前沿问题，启发学生进行深度思考；《材料服役损伤微观机理》结合新兴技术，探究材料在服役过程中的损伤机制。功能应用课程模块涵盖了信息领域的《磁性材料与功能器件》《光电信息功能材料与半导体器件》《纳米功能薄膜》，能源领域的《电化学储能电源及应用》《氢能与燃料电池》《纳米催化材料与电化学应用》《纳米半导体材料与太阳能电池》，生物领域的《生物医用纳米材料》。将前沿科技成果纳入教材内容，学生能够及时接触到学科领域的最前沿知识，激发创新思维与探索欲望，搭建起通往纳米材料与技术领域的知识体系，真正实现学以致用。

希望本系列教材能够助力每一位读者在知识的道路上迈出坚实步伐，为我国纳米科学与工程领域引领国际科技前沿发展、建设创新国家、实现科技强国使命贡献力量。

张跃

北京科技大学

中国科学院院士

前　言

　　本书为材料类专业的技术基础课教材。材料服役损伤研究在现代科学技术与工程领域中占据着至关重要的地位。随着工业化和现代化进程的加速，各类工程结构和设备在复杂多变的服役环境中，不可避免地会受到各种形式的损伤，如疲劳、腐蚀、磨损、蠕变和断裂等。这些损伤不仅会降低材料的性能、缩短使用寿命，还可能引发严重的安全事故，对人民生命财产安全构成威胁。同时，新型金属材料的大量研发、储能材料，尤其是二次离子电池材料和先进催化剂材料等新材料的开发和应用，明确材料服役损伤微观机理对于保障材料在服役环境中的安全使用和改进，以及获得新材料都有至关重要的意义。另一方面，新材料的不断涌现也对材料服役损伤研究提出了新要求，为相关理论的发展奠定了基础。显微表征技术，尤其是多种原位显微技术的进步、原子尺度模拟技术的进步、先进研究条件的普及，为材料服役损伤微观机理的研究提供了良好的条件。

　　本书以科学研究进展为依据，重点介绍了金属材料、二次离子电池材料、催化剂等常见材料的服役损伤和微观机理认识，以及改性防护的理论和措施，还介绍了一些相关的原位实验研究方法。全书共8章，包括：金属材料的氢脆机理及抗氢设计、金属材料的液态金属致脆机理、高温合金的服役损伤及机理、金属材料辐照损伤与机理、二次离子电池材料中的服役损伤、催化剂失活机制、原位实验研究方法、服役损伤机理的模拟研究方法。本书主要供材料科学与工程、材料物理、纳米材料等专业的高年级本科生、研究生使用，也可作为相关专业科技人员的参考用书。

　　由于编者水平有限，书中难免存在疏漏和不足之处，敬请广大读者批评指正。

编　者

目　录

第 1 章

金属材料的氢脆机理及抗氢设计

为实现"碳达峰""碳中和"的目标，清洁绿色的氢能将成为重要能源。然而，在金属材料生产和服役过程中，由于酸洗、腐蚀等过程的存在，氢不可避免地会进入金属材料内部。进入的氢可在晶界等缺陷处富集，即使平均含量低于 1×10^{-6}，也可能造成不可忽视的效果。其表观现象一般是材料的塑性降低，断裂面呈沿晶、解理或准解理等脆性特征，这种现象称为氢脆。氢脆是金属材料在服役过程中面临的安全隐患。例如：2013 年，旧金山—奥克兰海湾大桥东段高强紧固螺栓用钢在大桥试运行仅 2 周就发生多起氢脆事故；日本新干线高速铁路用紧固件由于氢脆问题也限用了某些强度等级较高的钢。氢脆的一个普遍规律：材料强度越高，氢脆敏感性越强。因此，随着近年高强金属材料的不断研发和服役，氢脆机理和抗氢设计越来越受到重视，如何打破材料强度和抗氢脆性能的倒置关系是主要关注点，本章以钢铁材料为例，对其进行介绍。

1.1 氢 的 行 为

（1）氢的来源 钢中的氢来源广泛，汇总来看主要有两种。一种是冶炼和加工过程中氢的进入。例如，钢铁材料在冶炼过程中，冶炼炉中水分分解产生氢原子，最后保留在铸锭中。为降低钢液中的氢浓度，往往采用炉外精炼、真空除气和真空冶炼技术。酸洗和电镀时，氢原子会进入钢中，可能形成酸洗或电镀裂纹。因此，材料电镀后经烘烤除氢才能使用。在焊接过程中，焊接熔池的温度有时可达到 3000℃，造成焊接材料表面吸附的水分分解，所产生的氢原子进入基体。另一种是服役过程中氢的进入。钢在湿空气、氢气、硫化氢等含氢环境中服役时，氢会经材料表面进入钢铁材料内部。

（2）氢的吸附 氢的吸附过程如图 1-1 所示，H_2 在洁净的金属表面被吸附、进入材料内部的过程一般可描述为如下过程：

1）H_2 迁移，与洁净的金属表面 M 发生碰撞，随后发生物理吸附，成为 H_2M，即

$$H_2 + M \longrightarrow H_2M \tag{1-1}$$

该吸附反应一般为放热反应。

2）H_2M 与 M 合成 $H_{ad}M$，成为金属表面 M 的原子氢，即

$$H_2M + M \longrightarrow 2H_{ad}M \tag{1-2}$$

此时，物理吸附变为化学吸附。

3）$H_{ad}M$ 中的 H_{ad} 穿过金属表面，成为溶解在表面原子层下方（内表面）的原子氢

MH_{ab}，即

$$H_{ad}M \longrightarrow MH_{ab} \tag{1-3}$$

4）原子氢 MH_{ab} 去吸附后就成为溶解在金属材料中的单个氢原子，即

$$MH_{ab} \longrightarrow M+H \tag{1-4}$$

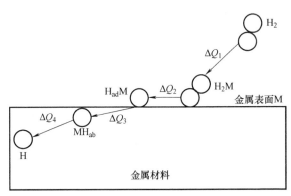

图 1-1 氢的吸附过程

（3）氢的扩散与捕获　氢原子在材料中一般处于晶格的间隙位置。间隙原子的扩散一般需要克服一定的能垒，所需的激活能称为扩散激活能。扩散激活能的来源可以是热（带来无序扩散），也可以是化学位梯度（如物质浓度梯度、应力梯度，温度梯度等，驱动氢从化学位高处向化学位低处运动）。氢在金属材料中的扩散受多种因素影响，如材料的晶体结构、组织结构、多种缺陷及氢陷阱。体心立方结构晶体中的氢扩散系数较大，由于堆积密度更大，面心立方结构晶体和密排六方结构晶体的氢扩散系数要小几个数量级。

如图 1-2 所示，钢中氢陷阱主要包括空位、位错、晶界、纳米析出相、夹杂物、微孔洞以及各种溶质元素等。这些氢陷阱的位置由于晶格扭曲或失配，发生晶格畸变，进而产生应变场。氢陷阱周围的应变场与间隙氢周围的应变场相互作用，把氢吸引并将其捕获在氢陷阱周围，继而阻碍氢的扩散。氢陷阱结合能（E_b）是表示氢陷阱氢捕获能力强弱的重要参量。

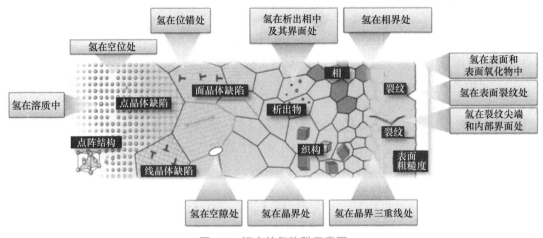

图 1-2 钢中的氢陷阱示意图

根据 E_b 大小，可将氢陷阱分为浅氢陷阱和深氢陷阱。E_b 较小（浅氢陷阱）时，氢在室温下即可发生扩散，从氢陷阱位置脱附进入晶格间隙位置，进而可能扩散到危险位置引发氢致开裂；E_b 较大（深氢陷阱）时，氢在室温下很少从陷阱中脱附，或立即被捕获，不参与氢致开裂。通常采用"热脱附法"测试氢陷阱结合能 E_b。

1.2　氢 脆 机 制

挖掘氢脆机制是指导金属材料的开发和安全服役的关键。目前被普遍认可的氢脆机制主要有氢压理论、氢降低原子间键合力（hydrogen-enhanced decohesion，HEDE）理论、氢促进局部塑性变形（hydrogen-enhanced localized plasticity，HELP）理论、氢促进应变诱导的空位形成（hydrogen enhanced strain-induced vacancies，HESIV）理论等。这几种机制都有各自的证据、适用范围和条件。下面对各理论的主要观点进行介绍。

（1）氢压理论　在金属材料内部不可避免地存在大量微观缺陷，如夹杂物、微空洞等。在金属晶格中扩散的氢原子易被捕获，进而富集在这些缺陷处。富集的氢原子复合成氢分子，在该缺陷处产生逐渐增大的氢压。通常，在缺陷处的氢压（p）与局部的氢原子浓度（C_H）服从西韦特（Sieverts）定律，即

$$C_H = Ae^{-\Delta H/RT}\sqrt{p}$$

式中，A 为常数；ΔH 为氢溶解反应的反应焓（也称溶解热）。因此，在缺陷处形成的氢压与该处氢浓度的平方呈正比关系。

在缺陷处的氢原子复合成氢分子，一方面会降低该处的氢原子浓度，使得较远处的氢原子向该缺陷处扩散。另一方面，在该缺陷处较高的氢压会产生一个应力梯度，在应力诱导下会进一步促进氢向缺陷处富集。氢原子通过扩散不断地富集在缺陷位置，使得氢分子的数量不断增加，氢压也不断上升。当内部氢压达到金属材料的屈服强度，缺陷周围会发生塑性变形。若该缺陷靠近材料表层，在缺陷处过大的氢压会引发塑性变形，引起氢鼓泡。随着氢压的继续上升，若引起应力场强度因子 K_I 大于断裂韧度 K_{IC}（它可能被氢降低），则会引发氢压裂纹。

氢压裂纹产生的条件是进入材料中的氢浓度超过其临界值，在无外加应力或内应力的条件下就可产生。钢中的白点、无外应力的氢环境下产生的裂纹等均是典型的氢压裂纹。需要指出的是，在金属中，氢鼓泡和氢压裂纹形成的氢浓度临界值远大于在有外加应力作用下发生氢致开裂的氢浓度临界值，即在材料中没有产生氢鼓泡或氢压裂纹时，也会发生氢致开裂。

（2）氢降低原子间键合力理论　1926 年，Pfeil 提出材料中存在的氢原子能降低解理面和晶界的内聚能。Troiano 提出氢原子本身的 1s 电子可进入过渡金属未被填满的 d 电子轨道电子层，而 d 带电子的重叠是过渡族金属原子间斥力的主要来源，氢的这一电子贡献会增加原子间的斥力，从而降低原子间的键合力，即氢的"弱键效应"。因此，氢降低原子间键合力（HEDE）理论又被称为"弱键理论"。Hack 等人认为弱键效应是氢脆发生的根本原因，其他机制均为弱键效应的表现形式。Orinai 等人进一步推导了弱键理论的定量化模型，将其描述为氢在材料内的缺陷处富集，降低原子间键合力，导致氢致裂纹的形核和扩展。该模型的两个基本假定：①裂纹的形核和扩展完全是原子键被正应力拉断的结果，不需要局部塑性变形；②通过应力诱导扩散而富集的氢使原子间键合力大幅度下降。图 1-3 所示为 HEDE 理论的示意图。

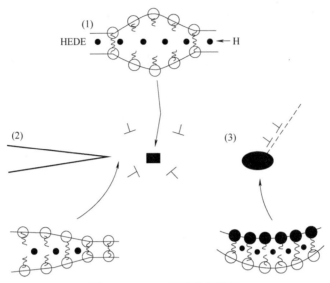

图 1-3 HEDE 理论的示意图

由于缺乏有效的实验手段，无法直接、准确地测量原子间键合力，所以 HEDE 理论的直接实验证据并不多。有 / 无氢样品的离子逸出功和德拜（Debye）温度的变化间接验证了金属中氢的弱键效应；多数测量结果也显示出金属弹性模量随氢浓度的升高而降低，表明原子间键合力减小。对于陶瓷材料，有实验表明，氢也可以降低 $BaTiO_3$ 单晶的弹性模量及离子逸出功等，间接证明了氢的弱键效应。需要指出，当含量较低时，氢对块体样品整体产生的弱键效应可能不明显。例如：当 α-Fe 中氢的质量分数为（7~8）$\times 10^{-6}$ 时，其原子间键合力无明显变化；第一性原理结果表明氢可降低纯铁的原子间键合力。

（3）氢促进局部塑性变形理论　1972 年，Beachem 等人首次提出氢促进局部塑性变形（HELP）理论，随后 Birnbaum、Sofronis 和 Robertson 等人逐步完善该理论。HELP 理论主要围绕氢与位错的交互作用。基于宏观实验结果和理论计算研究，HELP 理论认为：①氢随位错运动而运动，扩散到缺陷处富集；②氢促进位错的发射、增殖和运动，最终促进材料的局部塑性变形。Ferreira 等人通过 TEM（透射电镜）直接原位观察到氢降低位错之间的弹性交互作用，使位错间的距离减小。氢促进位错运动的实验结果如图 1-4 所示。这与第一性原理以及分子动力学的理论研究结果一致。Tabata 和 Birnbaum 等人观察到位错运动速度随氢浓度的增加而增大。Matin 等人在氢脆断口上观察到大量的位错亚结构，说明断口周围存在大量局部塑性区。

（4）氢促进应变诱导的空位形成理论　氢促进应变诱导的空位形成（HESIV）理论是 Nagumo 等人提出的。该理论认为金属在塑性变形过程中的应变积累会产生空位，而进入材料内部的氢会降低空位的形成能并稳定空位，这促进了空位累积和纳米孔洞的萌生及长大。这些过饱和的空位聚集形成微孔洞，有助于裂纹的形核和扩展。氢致空位浓度增加的实验证据如图 1-5 所示。通过正电子湮灭实验和低温 TDS（热脱附）实验发现，氢促进应变过程中空位及空位团簇大幅度增加的现象，以及在氢脆断口表面发现的高密度纳米微孔洞也支撑 HESIV 理论。但是，HESIV 是否是氢脆发生的主要原因仍存在争议。例如，Martin 等人认为形成大量的空位和纳米孔洞需要较大的氢浓度，而金属材料往往在较低的氢浓度下就会发生氢脆，所以 HESIV 并不是氢脆的主要原因。

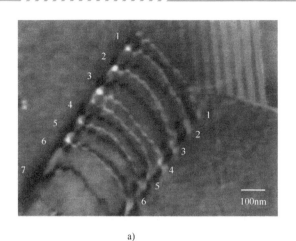

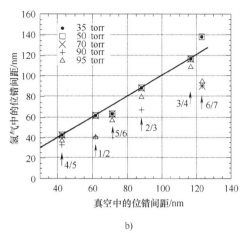

图 1-4　氢促进位错运动的实验结果

a）真空环境（黑线）和氢气环境（白线）位错的位置变化　b）两位错间距的变化

1torr=133.322Pa。

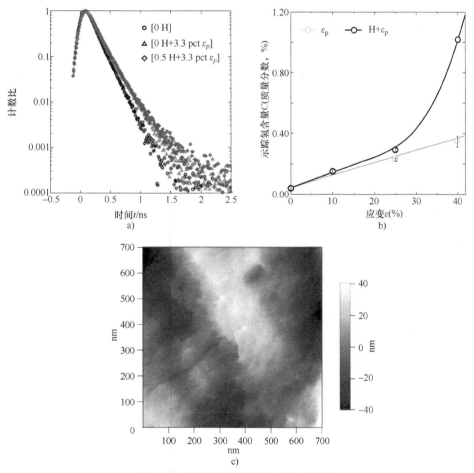

图 1-5　氢致空位浓度增加的实验证据

a）氢促进空位浓度的增加　b）纯铁中示踪空位氢浓度随应变的增大而增加

c）X65 钢氢致准解理断口的 AFM（原子力显微镜）表面形貌图

综上所述，真实的氢脆可能在上述多种机制共同作用下发生。例如，Nagao 等人发现马氏体高强钢在原始奥氏体晶界和马氏体板条界分别为沿晶和准解理开裂特征，这可能由 HEDE 理论和 HELP 理论协同作用导致。此外，对不同的材料体系，氢脆机制可能也不同。

1.3　高强钢的抗氢脆设计

高强钢中低于 1×10^{-6} 的氢含量往往就足以显著降低其力学性能。因此，普遍认为氢脆发生的一个必要前提是钢中氢的扩散和富集。缓解氢脆的有效策略是避免氢的聚集，例如，在钢中设计弥散的氢陷阱捕获氢，阻碍氢扩散到缺陷位置，可以有效降低钢的氢脆敏感性。基于此，研究者们提出多种抗氢脆高强钢的设计方法，如抗氢脆晶界设计、晶内氢陷阱设计等。近几年的研究聚焦于在钢中引入纳米析出相，获得析出强化效果的同时，让其作为氢陷阱捕获氢。依赖于氢陷阱的数量、分布以及激活能大小，这一方法确实在不同程度上降低了钢的氢脆敏感性。本节将对高强钢的抗氢脆设计进行详细介绍。

（1）抗氢脆晶界设计　高强钢在低应力（弹性范围）条件下的氢脆都是沿原奥氏体晶粒开裂的。高强钢沿晶断口的形貌和裂纹分布如图 1-6 所示，主要是晶界为互相联通的面缺陷。晶界有害元素偏析等因素会吸引氢在晶界富集，形成氢原子的连续分布，从而导致沿晶开裂。钟振前等人表明钢中萌生的沿晶裂纹主要沿重合度低的大角晶界扩展，如取向差大于 36.9° 而重合度高的晶界没有开裂，如图 1-6 所示。付豪等人发现 TWIP 钢（孪生诱发塑性钢）的氢致裂纹易沿着随机晶界形核和扩展，而 Σ3 晶界处没有裂纹。研究表明重合位置点阵（CSL）晶界会有效抑制晶界偏析并控制晶界扩展。因此，晶界工程，即通过机械热处理工艺在材料中提高低 -ΣCSL 晶界比例，可以提高材料与晶界有关的性能（如抗氢脆、抗晶间腐蚀、抗应力腐蚀开裂、抗蠕变等）。

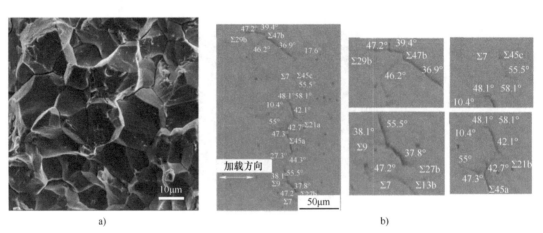

图 1-6　高强钢沿晶断口形貌和裂纹分布

a）高强钢氢致断口的沿晶形貌　b）沿晶裂纹扩展的晶界特征分析

近年来，晶界工程在抗氢脆方面的应用逐渐增多。例如，Bechtle 等人将纯镍材料中高重合点阵中"特殊"晶界的比例从 46% 增加到 75%，延展性显著提升，沿晶断裂的比例显著降低，断裂韧度值高出 20% ~ 30%。Kwon 等人的研究结果也表明具有较高比例的特殊晶界的 TWIP 钢具有较高的抗氢致晶间脆化能力。

（2）抗氢脆晶内氢陷阱设计　晶内氢陷阱的设计理念主要是在材料内部引入大量弥散的氢陷阱，如相结构、高密度位错、弥散的纳米强化相等，在晶内捕获氢，避免氢在晶界等缺陷位置富集而引发氢致开裂。

在钢中引入相结构来降低材料中的可扩散氢浓度是提高材料抗氢脆性能的有效途径。鉴于奥氏体中氢溶解度较大且扩散速率低，逆变奥氏体等被引入钢中作为氢陷阱捕获氢，以此提高钢的抗氢脆性能。Wang 等人的研究结果表明提高钢中逆变（残留）奥氏体含量可显著降低钢的氢脆敏感性。然而，奥氏体是马氏体钢中的韧性相，通过增加奥氏体含量来提高马氏体钢的抗氢脆性能可能需要以损失材料的强度为代价。

位错也是常见的氢陷阱。通过加工变形引入高密度位错可提升强度。然而，位错对钢抗氢脆性能的影响众说纷纭。当材料变形较小时，形成的位错常被认为是浅氢陷阱（$E_b \sim 26.8 \text{kJ/mol}$），无法有效捕获氢，因此位错密度升高使氢脆敏感性提升。然而，陈林等人的研究表明纯铁经冷轧变形达到 80% 后出现位错胞，位错胞壁陷阱结合能较高，为深氢陷阱，可捕获氢，进而改善材料的抗氢脆性能。但是，此方法在提升强度和抗氢脆性能的同时，会使材料塑性显著降低。

钢中引入弥散的析出相是抗氢脆最有吸引力的方法之一。析出相广泛用于钢的强化（析出强化），同时又能捕获氢，以阻碍其在材料内的缺陷位置富集。为此，通常采用 Ti、Nb、V 等元素进行微合金化，形成碳化物析出相［如 TiC、NbC、VC、Ti_2CS、（Ti，Mo）C 及其复合析出相］。这些碳化物在提高强度的同时，也起到氢陷阱的作用，进而提高钢的抗氢脆性能。相比相结构和位错，通过析出相抗氢的思路更有可能实现抗氢性能的有效调控，进而实现抗氢和其他性能的同时提升。因此，关于碳化物对高强钢抗氢脆性能的影响及其机理探讨得最多。

1.4　碳化物对钢氢脆性能的影响

钢中的合金碳化物，如 TiC、VC、NbC 及其复合碳化物，可作为优异的氢陷阱。高密度弥散细小的碳化物可有效钉扎位错运动，并因此提升钢的强度；同时，它们也可能提供氢陷阱，降低可扩散氢浓度，阻碍氢在材料内的局部富集，进而降低钢的氢脆敏感性。本节将介绍不同种类的碳化物对钢抗氢脆性能的影响、氢捕获位点及微观机理。

1.4.1　不同种类的碳化物对钢氢脆性能的影响

（1）碳化钛　针对碳化钛（TiC），研究者们对其在钢中宏观性能变化和微观结构的表征方面进行了大量的、系统的研究工作，主要探究不同尺寸 TiC 析出相的氢捕获能力及其微观机理。如图 1-7 所示，Wei 等人的研究发现 TiC 析出相的尺寸随着热处理温度的升高而逐渐增大，圆盘状 TiC 析出相长大成球形，同时 TiC 析出相与基体的界面也从共格逐渐转变为半共格和非共格。

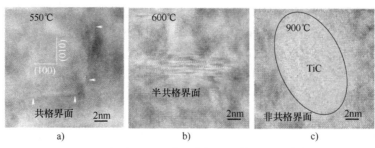

图 1-7　钢中不同温度回火热处理的 TiC 析出相
a）共格析出相　b）半共格析出相　c）非共格析出相

如图 1-8 所示，Takahashi 等人利用三维原子探针（APT）技术直接观察到氘原子分布在盘状 TiC 析出相与基体界面上。Wei 等人结合热脱附谱（TDS）和透射电镜（TEM）的研究表明，在电化学充氢条件下，（半）共格 TiC 所捕获氢原子数量与宽界面的面积呈正相关关系，即基体与圆盘状 TiC 析出相的宽界面处可能是氢捕获位点。TiC 尺寸及热脱附（TDS）结果如图 1-9 所示，相应界面捕获氢的微观机理很可能是界面处的失配位错。当 TiC 长大为非共格析出相后，热脱附实验曲线出现较小的高温峰，说明非共格 TiC 在电化学充氢条件下可以捕获少量的氢，且其陷阱结合能较高。

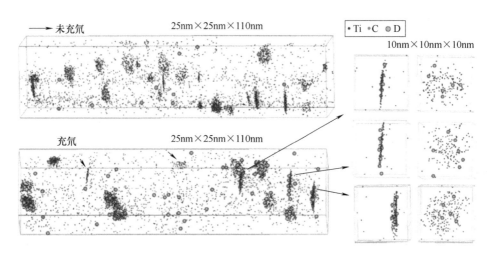

图 1-8　TiC 析出相和氘原子三维原子探针（APT）分布图

（2）碳化钒　Lee 等人研究表明，碳化钒（VC）析出相在提高回火马氏体钢强度的同时还可有效提升钢抗氢脆性能。通过 APT 技术研究表明，VC 确实可以捕获氢（氘）。VC 捕获的氢量随着钢中 V 含量的增加而增加，在 V 的质量分数为 0.2% 时获得最佳的抗氢脆性能，但是过量 V 的添加（质量分数 >1.0%）会在钢中形成大颗粒碳化物，反而更容易引发氢致开裂。含 VC 的回火马氏体钢如图 1-10 所示。通过合理设计和调控钢中合金元素的比例，在钢中形成弥散分布的纳米尺寸 VC 析出相，有可能实现钢的强度和抗氢脆性能的同时提升。

关于 VC 的氢捕获位点及其微观机理，Turk 等人研究了铁素体钢中有相同体积分数但不同尺寸的 VC 的氢捕获量。热脱附实验结果表明，尺寸较小的 VC 可捕获更多的氢，由此推测 VC 氢捕获总量取决于其有效表面积而不是它们的体积分数。因此，其氢捕获位点在碳化物表面或碳化物与基体的界面。Takahashi 等人采用 APT 技术直接观察了 V 碳化物中氘（D，氢的同位素）原子的分布，在欠时效钢中，VC 析出相的（001）面周围没有观察到氘原子，但在峰值时效钢的 V_4C_3 析出相（001）宽界面上分布着氘原子；由于两种析出相的高分辨透射电镜照片都表明其（001）界面几乎没有失配位错，其氢捕获机制可能是碳化物表面的碳空位。然而，Chen 等人利用 APT 技术直接观察到氘被捕获 VMoNbC 碳化物析出相的内部。目前，针对 VC 的氢捕获位置及其微观机理仍存在争议。

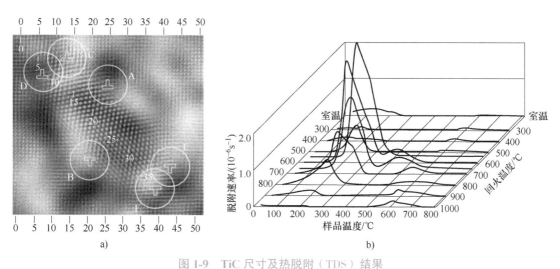

图 1-9　TiC 尺寸及热脱附（TDS）结果

a）滤波后的 TiC 析出相的 HRTEM 高分辨透射电子显微镜图（界面失配位错由符号标注）

b）不同回火温度条件下试样的 TDS 曲线

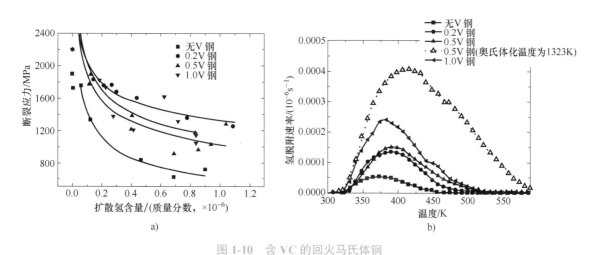

图 1-10　含 VC 的回火马氏体钢

a）不同 V 含量钢的慢应变速率拉伸（SSRT）曲线　b）不同 V 含量钢的热脱附曲线

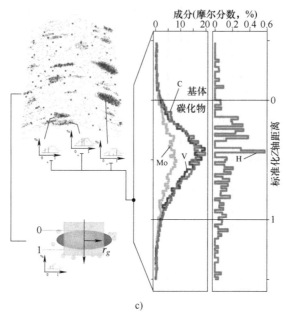

图 1-10 含 VC 的回火马氏体钢（续）

c）时效钢充氙后三维原子探针观察结果

（3）碳化铌 Ohnuma 等人通过小角中子散射（SANS）方法研究碳化铌（NbC）析出相的氢陷阱作用，表明 NbC 是一种有效的氢陷阱。Wallaert 等人通过热脱附谱（TDS）实验研究不同热处理状态下的 NbC 析出相捕获氢的能力。不同热处理状态下试样 TDS 曲线如图 1-11 所示。在电化学充氢的条件下，在 TDS 曲线中温度为 30~250℃时存在峰，激活能为 39~48kJ/mol，推测是 NbC 与基体界面捕获氢，且没有高温峰，推测非共格 NbC 在常温下不能捕获氢；而在高温气相充氢后，温度为 450~700℃时存在峰，这可能是由大尺寸 NbC 析出相捕获的氢，激活能为 63~68kJ/mol，推测由 NbC 内部碳空位捕获氢。

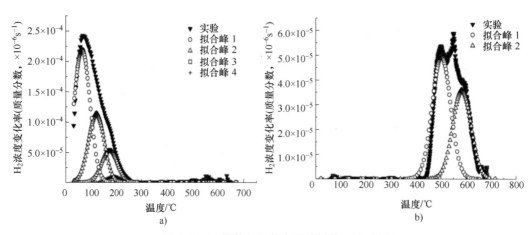

图 1-11 不同热处理状态下试样的 TDS 曲线

a）电化学充氢后试样的 TDS 曲线 b）高温气相充氢后试样的 TDS 曲线

石荣建等人同样利用 TDS 实验研究表明半共格 NbC 析出相可作为深氢陷阱降低马氏体高强钢的氢脆敏感性。NbC 析出相的氢捕获行为与机理表征结果如图 1-12 所示。由此推测半共格界面处的高密度失配位错是俘氢结构，其陷阱结合能为 77kJ/mol。Chen 等人通过 APT 技术首次直接观察到氢原子分布在椭球状 NbC 析出相与基体的界面处；根据研究中提供的非原位的结构信息，该俘氢界面是非共格界面。这与此前 TDS 的结果相矛盾。张冰芦等人利用扫描开尔文探针力显微镜（SKPFM）实验研究非共格 NbC 析出相的氢捕获行为，发现部分非共格 NbC 析出相界面可以捕获氢，部分界面排斥氢，多样的氢捕获行为可能与非共格界面丰富的原子尺度结构和化学特征有关。

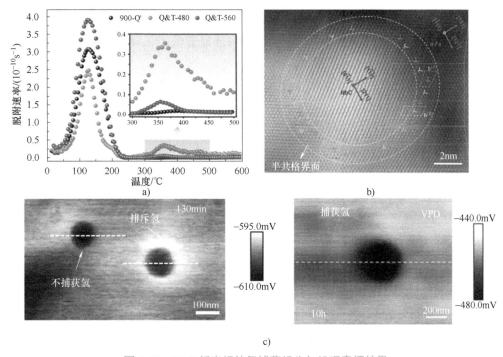

图 1-12　NbC 析出相的氢捕获行为与机理表征结果

a）含 NbC 钢经不同温度回火处理后的 TDS 曲线　b）半共格 NbC 析出相与基体界面失配位错
c）非共格 NbC 析出相充氢后 SKPFM 电势结果
VPD—volta potential difference，伏打电势差

综上，TiC、VC 与 NbC 三种碳化物析出相在钢中都是优异的氢陷阱。Wei 等人通过 TDS 实验表明，在含有相同摩尔分数的 NbC、TiC 和 VC 的实验钢中，三种析出相的氢陷阱能力的强弱顺序为 NbC>TiC>VC。此外，钢中还有许多碳化物可以有效捕获氢，如 VMoNbC、Fe_3C、Mo_2C、（Ti，Mo）C、Ti_2CS 等。

1.4.2　碳化物的氢捕获位点及其微观机理

不同类型碳化物析出相的氢捕获行为可能不同，这与析出相内部晶体缺陷以及析出相与基体的界面特征有关。近年来，高分辨透射电镜技术的飞速发展，可以在原子尺度上直接观测碳化物析出相的晶体结构和缺陷特征，表征析出相与基体的取向关系，有助于进一步理解析出相的氢捕获行为和微观机理。此外，采用计算模拟方法，如密度泛函理论计算，可以在微观尺度帮助理解碳化物析出相的氢捕获性能。

（1）碳化物析出相内部 不同种类碳化物析出相内部的氢捕获行为不同。Wei 和 Tsuzaki 等人对含 TiC、NbC、VC、Mo$_2$C 析出相的钢在电化学充氢条件下的 TDS 实验结果的分析表明，含 TiC 析出相的钢出现了小的高温峰，说明在常温下 TiC 析出相内部可能捕获氢，陷阱激活能较高（为 87~95kJ/mol）；含其余析出相的钢都没有高温峰，因此，可以认为其析出相内部在常温下不能捕获氢；含 NbC 析出相的钢的 TDS 曲线仅在高温气相充氢条件下才出现高温峰，这可能是由大尺寸 NbC 析出相内部碳空位捕获的氢，陷阱激活能为 63~68kJ/mol。Chen 等人利用 APT 技术也直接观察到氢被捕获 VMoNbC 碳化物析出相的内部，由此推测析出相内部的碳空位可能是其氢捕获的微观机理。马源等人的 DFT（密度泛函理论）计算结果表明，TiC、NbC、VC 析出相内部无缺陷时氢溶解能比 α-Fe 四面体间隙更高，即不能捕获氢，但其内部 N、C 空位的氢溶解能显著低于 α-Fe 四面体间隙，可能作为深氢陷阱捕获氢。

总之，在常温条件下，碳化物析出相内部是否能捕获氢没有一致结果。有些析出相内部在常温下可能能捕获氢（如 TiC、VMoNbC），有些可能不能捕获氢（如 NbC、VC 等），这可能与析出相的种类和析出相内部缺陷特征相关。高温下碳化物内部的碳空位可能捕获氢。

（2）碳化物与基体界面 Wei 等人研究发现，随着热处理回火温度的升高，析出相的尺寸不断变大，碳化物析出相与基体的界面配合关系也随之转变，如图 1-13 所示，析出相与基体界面从共格界面转变为半共格界面，最后转变为非共格界面。此外，析出相的形态也随回火温度的升高由盘状逐步转变为球状。下面将详细介绍不同配合关系界面的氢捕获行为及其微观机理。

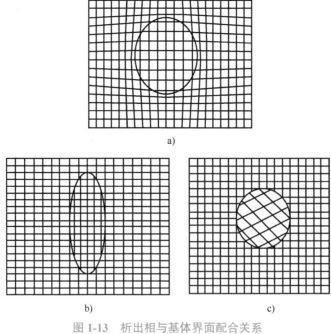

图 1-13 析出相与基体界面配合关系

a）共格界面 b）半共格界面 c）非共格界面

1）共格界面。当析出相和基体的晶体结构和点阵常数相同，或仅存在微小偏差时，析出相与基体间形成的界面即为共格界面。这种共格界面具有比界面能小的特点，弹性共格应变调节和容纳了两相晶面间距之间的微小错配，如图 1-13a 所示。Wei 等人对含有大量共格 TiC 析出相的 TDS 实验，结果存在高的低温峰，这表明共格的 TiC 可以捕获氢，但是其陷阱激活能较低（~29kJ/mol），属于浅氢陷阱。

马源等人的 DFT 计算结果表明，由于 α-Fe 和 NaCl 型析出相之间的晶格失配，弹性晶格应变被引入到 α-Fe 基体中；相比于无应变的纯铁，界面附近存在拉应变的 α-Fe 基体中的四面体间隙体积增加，存在应变的 α-Fe 四面体间隙处的氢溶解能更低，如图 1-14 所示。因此，共格界面处存在局部应变的四面体间隙是有效的氢陷阱位点。虽然现阶段还没有直接证据表明碳空位在共格界面处存在，但 DFT 计算表明，若 NbC 和 VC 与 α-Fe 的共格界面处存在碳空位，其氢溶解能将小于纯铁中的氢溶解能，说明碳空位对氢在共格界面的溶解有良好的促进作用。

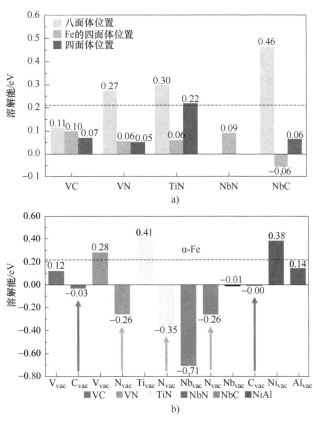

图 1-14　DFT 计算析出相与 α-Fe 共格界面的氢溶解能

a）Fe 四面体间隙位置的溶解能　b）碳空位的溶解能

2）半共格界面。当共格析出相继续长大而使共格应变增大到一定程度后，比界面能将明显增大。此时，界面两侧晶体原子间距的差别将可能由界面失配位错来容纳，析出相与基体界面转变为半共格界面，如图 1-13b 所示。半共格界面处存在失配位错，界面大部分区域匹配度良好，界面应变主要集中在失配位错的核心附近。当析出相和基体为共格界面或半共格界面配合时，且析出相常在基体特定晶面上形成（该晶面称为惯习面），析出相与基体存在确定的取向关系。例如，大量实验研究和理论计算表明钢中 NaCl 型碳化物析出相与 α-Fe 基体之间的（半）共格界面符合 Baker-Nutting（B-N）、Kurdjumov-Sachs（K-S）或 Nishiyama-Wassermann（N-W）的取向关系。

综上，碳化物析出相的半共格界面可以捕获氢，结合 TDS、APT、TEM 的结果推测其氢捕获的微观机理可能包括半共格界面的失配位错和碳空位。Wei 等人的 TEM 研究结果表明 NbC、TiC、VC 三种半共格碳化物析出相都呈现盘状，其厚度相近，如图 1-15 所示，但直径明显不同且与晶格错配度的倒数成正比。NbC 半共格析出相由于与基体的错配度最大，界面失配位错密度最大。石荣建等人在含 NbC 半共格析出相的钢的 TDS 实验中发现高温峰，认为钢中的半共格 NbC 析出相可提供深氢陷阱，通过激活能测试，推测相应的深氢陷阱的本质是半共格界面处高密度的失配位错。类似的，Takahashi 等人的 APT 实验结果发现，在尺寸较大的圆盘状 TiC 析出相的宽界面处明确观察到氢原子，较小的（~3nm）析出相周围则没有检测到氢，这表明 TiC 析出相的氢捕获行为与析出相尺寸相关，推测尺寸较大的圆盘状析出相可能为半共格析出相，即氢可能被析出相与基体的半共格界面捕获；据对应 220℃ 的 TDS 峰推测氢陷阱的来源可能是析出相与基体半共格界面的失配位错或者是析出相表面的碳空位。Takahashi 等人根据 APT 结果发现，氢被片层状 V_4C_3 与铁素体基体之间的宽界面捕获，结合 TEM 结果发现半共格析出相与基体（001）宽界面几乎没有出现失配位错，推测宽界面上的碳空位是其氢捕获机制。

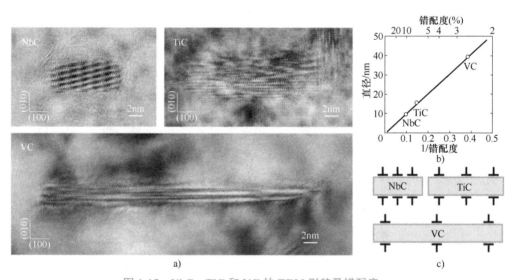

图 1-15　NbC、TiC 和 VC 的 TEM 形貌及错配度

a）三种半共格析出相 HRTEM 图　b）半共格界面的错配度与析出相直径的关系
c）三种半共格析出相界面失配位错分布示意图

3）非共格界面。当析出相和基体的错配度很大时，通过界面失配位错也不能完全容纳错配，这时析出相和基体之间将不再保持确定取向关系，而形成非共格界面，如图 1-13c 所示。非共格界面具有与大角度晶界类似的界面结构特征，其比界面能较高，

且不随错配程度变化。有时析出相与基体虽然存在一定的位向关系，但其界面却可能是非共格界面。非共格析出相在长时间高温时效时容易出现，在钢的焊接热影响区中也普遍存在。

通过 TDS 曲线有无高温峰来推测非共格析出相能否捕获氢的方法存在争议。Wei 等人发现，在电化学充氢条件下，含较大尺寸非共格析出相（NbC、VC）的钢的 TDS 曲线中没有出现高温峰，推测其在常温下不能捕获氢（图 1-16）。鉴于非共格析出相与基体的界面可能是相对较浅的氢陷阱，在 TDS 曲线中表现的可能是较为低温的峰，因此不能排除非共格界面捕获氢的可能性。近年来，Chen 等利用 APT 发现了氘在椭球状的非共格的 NbC 纳米析出相与基体的界面附近的分布，如图 1-17 所示，这也说明 TDS 分析的局限之处，表明非共格碳化物有俘氢的潜力。实际上，研究表明含非共格 TiC 析出相的钢的 TDS 有小的高温峰，推测 TiC 在常温下能捕获氢，且陷阱激活能较高（~86.9kJ/mol），属于深氢陷阱。

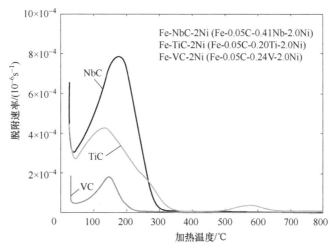

图 1-16　在室温电化学充氢后，三种钢的 TDS 曲线

然而，对于钢中普遍存在的非共格碳化物析出相，由于缺乏有效的研究手段且非共格界面微观结构和化学特征复杂，所以氢陷阱特性研究缺乏，它能否捕获氢仍存在争议。在此前的研究中，利用非共格碳化物析出相进行抗氢设计可行性的相关研究很少，即使它们能比共格和半共格提供更深的氢陷阱。此前通过热脱附等方法只能表征试样的平均氢浓度，无法揭示具有不同界面特性（共格、半共格和非共格）的单个析出相的氢捕获行为及微观机理。尽管 APT 可以对氢的空间分布进行直接成像，但必须破坏样品进行测试，因而阻碍了对捕获位点的进一步微观表征。近年，张冰芦等用 SKPFM 技术结合 TEM 成功分析了单个非共格析出相捕获氢的行为及机理，通过 Ti₂CS 和 NbC 的相关研究，发现非共格析出相界面的俘氢行为多样，有些界面捕获氢，有些界面不捕获氢，有些界面排斥氢，这些行为很可能与界面的结构和化学特征有关。这一发现似乎澄清了非共格碳化物的俘氢行为和机理。相关发现也成功用于珠光体钢的抗氢设计，即对渗碳体和铁素体的界面进行一定的预应变，使强度和抗氢性能同时提升。

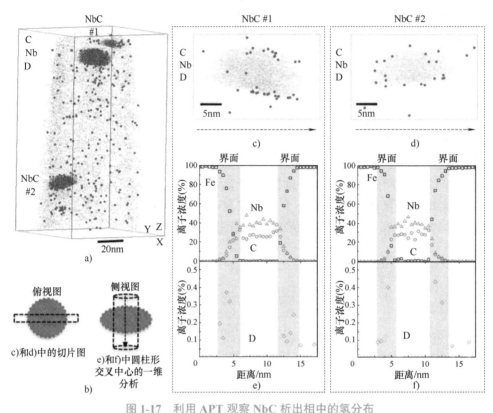

图 1-17 利用 APT 观察 NbC 析出相中的氢分布

a）氘（红色大球体）、碳（蓝色小球）和铌（棕色小球）原子的分布   b）描述 c）~ f）中数据的示意图
c）和 d）y 轴分别穿过 NbC#1 顶部和 NbC#2 析出相底部，表征了碳、铌和氘原子的分布
e）和 f）分别通过 NbC#1 和 NbC#2 中心的一维线数据

1.5 测氢技术原理与应用

以往抗氢机理研究主要依赖理论计算，受模型简单化的限制，所得结果在指导抗氢设计和抗氢钢开发上的指导意义有限。随着 APT、TEM 等表征技术的进步，近年相关实验工作似乎打开了一个新的突破口。氢脆的先决条件是氢原子在缺陷位置富集。了解材料内部氢分布和含量对于理解氢脆现象以及抗氢脆材料设计至关重要。测氢技术有很多，如电化学氢渗透（EP）、热脱附（TDS）、氢微印（HMT）、二次离子质谱（SIMS）、三维原子探针（APT）、扫描开尔文探针显微镜（SKPFM）等。各种测氢技术各有优缺点，以下将逐一介绍各种测氢方法的原理与应用。

（1）电化学氢渗透   电化学氢渗透（electrochemical permeation，EP）试验用来研究氢在试样的渗透和扩散行为。如图 1-18 所示，EP 法采用 Devanathan-Stachurski 装置进行测试，该装置由两个电解池以及夹在中间的试样组成，试样一侧为充氢端，用电化学工作站给试样施加阴极，作为充氢端以产生氢渗透进入试样；另一侧为放氢端，用电化学工作站给试样施加阳极，将渗透过金属试样的氢原子氧化成氢离子，由此产生的阳极电流即为氢渗透电流。通过氢渗透电流随时间的变化来分析材料中的氢渗透行为和相关性能。为保证在放氢端测得的电流是氢原子直接给出的，将板状试样机械抛光后，需在试样的阳极一侧电化学沉积薄金属钯（Pd）膜，削弱试样表面的氧化、溶解等无关电化学过程的贡献；此外，在充氢之前，在放氢端即试样的阳极侧施加阳极过电势，以减少样品中的初始残余氢，也有助于准确获得材料的氢渗透相关性能。

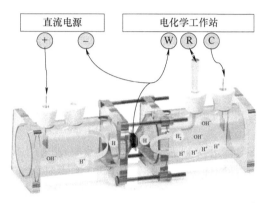

图 1-18　EP 法采用的 Devanthan-Stachurski 双电解池装置示意图

由氢渗透曲线可以获得氢原子在材料中表观氢扩散系数、表观氢溶解度和试样内氢陷阱的密度等。表观氢扩散系数（D）的计算见式（1-5）。

$$D = \frac{L^2}{6t_{0.63}} \tag{1-5}$$

式中，L 为试样的厚度；$t_{0.63}$ 为 $\frac{I-I_0}{I_\infty-I_0}=0.63$ 时的时间，I_0 和 I_∞ 分别为初始电流和稳态渗透电流。表观氢溶解度（C_{ap}）和试样内总氢陷阱密度（N_t）通过式（1-6）和式（1-7）得出。

$$C_{ap} = \frac{I_\infty L}{FAD} \tag{1-6}$$

$$N_t = C_{ap} \left(\frac{D_1}{D} - 1 \right) / 3 \tag{1-7}$$

式中，F 为法拉第常数；A 为充氢的面积（$0.785\mathrm{cm}^2$）；D_1 为纯体心立方铁的晶格扩散系数（$\sim 1.28 \times 10^{-4}\mathrm{cm}^2/\mathrm{s}$）。

二次氢渗透循环测试可以确定材料中可逆氢陷阱和不可逆氢陷阱的密度。通过第一次氢渗透曲线获得的总氢陷阱密度（N_t），包括所有可逆和不可逆氢陷阱密度；由于不可逆陷阱在第一次氢渗透过程中已经捕获了氢，不参与第二次氢渗透，因此从第二次氢渗透曲线可获得可逆氢陷阱的密度（N_r）。因此，不可逆氢陷阱密度（N_{ir}）的计算公式为

$$N_{ir} = N_t - N_r \tag{1-8}$$

式中，N_t 为第一次氢渗透曲线计算的总氢陷阱密度；N_r 为第二次氢渗透曲线计算获得的可逆氢捕获位点密度。

钢中复杂微结构，包括位错、晶界、空位和铁素体/渗碳体界面等，可能会影响氢的渗透和扩散，因此测试氢渗透曲线是了解材料中氢扩散系数和氢陷阱密度的有效手段。

（2）热脱附　热脱附（TDS）实验可以定量测量材料中的氢含量，也可以定性分析材料中氢捕获位置，是研究高强钢中氢陷阱能力的重要手段。由氢脱附峰的峰值温度可以推测材料中氢捕获位置及其微观机理；由氢脱附速率对时间的积分可获得材料中的氢含量；在不同升温速率下，根据氢脱附峰移动，可获得材料的脱附激活能。根据 Kissinger 的一级反应动力学公式，即

$$\frac{dX}{dt} = A(1-X)\exp\left(-\frac{E_a}{RT}\right) \tag{1-9}$$

式中，X 为氢脱附量；t 为时间；A 为常数；E_a 为脱附激活能；T 为绝对温度；R 为理想气体常数。可推导得到最大脱附速率时温度（T_p）和升温速率（ϕ）的关系为

$$\frac{\partial(\ln\phi/T_p^2)}{\partial(1/T_p)} = -\frac{E_a}{R} \tag{1-10}$$

由 $\ln\phi/T_p^2$ 和 $1/T_p$ 关系拟合可得到 E_a。测量氢浓度一般采用 100℃/h 的升温速率，求解陷阱脱附激活能需要 2~3 种升温速率。综上，利用 TDS 曲线进行样品中整体氢浓度的定量测量，计算得到氢陷阱的脱附激活能。结合透射电子显微镜（TEM）分析钢中氢陷阱种类或微结构的变化，从而推测氢陷阱捕获氢的能力。

（3）氢微印　氢微印（HMT）借助冲洗照片胶片的原理，在暗室中将感光乳剂 AgBr 均匀涂在试样的表面，使试样中的 H 与 AgBr 发生氧化还原反应，即

$$Ag^+ + H = Ag + H^+ \tag{1-11}$$

反应完全后，通过扫描电子显微镜（SEM）观察试样表面的 Ag 颗粒分布，以此表征氢的分布。Nagao 等人采用 HMT 技术表征弯曲应力对钢中氢分布的影响，如图 1-19 所示，结果表明施加弯曲应力的试样上 Ag 颗粒分布较多，无应力试样上 Ag 颗粒较少。

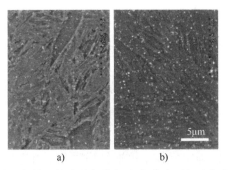

图 1-19　采用氢微印技术表征施加弯曲应力对钢中氢分布的影响
a）无应力　b）施加 $0.8\sigma_s$（屈服强度）的弯曲应力

研究者们还利用 HMT 表征了氢在晶界、相界、孪晶边界、滑移线、夹杂物、裂纹等处的富集，用于帮助解释氢脆机理。结合微结构表征，如电子背散射衍射分析（EBSD）或是 TEM，可以获知氢在材料中不同微结构中的扩散和捕获。然而，Ag^+ 和 H 原子的反应持续一段时间后才能显示出来，因此 HMT 要求材料中需具备较高的氢浓度，且氢可以扩散至表面进行反应。综上，氢微印可以便捷地可视化氢的扩散和富集，且只能定性检测某时刻微结构的氢分布，无法定量表征氢浓度，也无法进行动态氢分布表征。此外，其空间分辨率也有限。

（4）二次离子质谱　二次离子质谱（SIMS）也是直观观察氢分布的常用方法之一。目前常用的是飞行时间二次离子质谱仪（ToF-SIMS），其基本原理为离子枪产生聚焦一次离子束轰击样品表面，记录二次离子从样品表面到达检测仪的时间，按质荷比实现质谱分离，转换成各离子质量，实现质谱分析，获得样品的元素组成和分布。研究者们利用 SIMS 方法检测裂尖、晶界等微结构的氢分布。McMahon 等人使用高分辨率的纳米二次离子质谱仪（NanoSIMS）发现氕分布在 MnS 夹杂物界面处，如图 1-20 所示。另外，将离子溅射装置与 SIMS 结合，逐层剥离和检测，可得到氢的三维分布图。

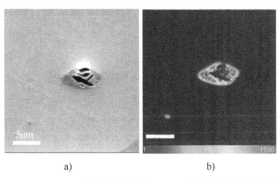

图 1-20　NanoSIMS 表征氢分布在 MnS 夹杂物与基体的界面上
a）SEM 图像　b）$^{32}S^{-2}H^{-}/^{32}S^{-}$ 图

然而，SIMS 能直观表征氢的分布，却无法定量表征钢中氢含量；此外，SIMS 在检测前，样品需要长时间预抽真空，使材料中的氢脱附，因而限制了其在氢扩散系数较高的金属材料中的应用；离子溅射时也可能造成氢原子的逸出，测得的氢的位置可能不准确，其空间分辨率仍然有限。

（5）三维原子探针　三维原子探针（APT）可以检测氢原子的原子尺度三维可视化分布。由于样品室在真空条件下也会有少量残余的氢，为排除环境氢对实验的影响，通过同位素掺杂，对样品进行充氘（D，氢的同位素）来代替充氢（H）是一种有效的方法。由于针状 APT 试样尺寸很小，直径通常小于 100nm，制备难度大，且氘在常温下非常容易逸出样品，因此 APT 试样充氘后，应通过低温转移技术传递至样品腔中，且始终保持低温。Chen 等人使用氘同位素掺杂和低温转移的 APT 技术实现了钢中复杂微观结构，包括位错、VMoNbC 析出相、NbC 析出相中单个氢原子的三维分布表征。但是，其破坏性的实验方法，使得 APT 原位结合其他微观结构的检测手段，如 EBSD、TEM 等，来获得更精确的氢捕获微观机理变得十分困难。

（6）扫描开尔文探针显微镜　1991 年，Nonnenmache 等人首次在原子力显微镜（AFM）技术的基础上应用扫描开尔文探针技术开发出扫描开尔文探针显微镜（scanning Kelvin probe force microscope，SKPFM），它能够在获取材料表面纳米级分辨率形貌的同时原位得到样品表面高分辨率的接触电势差分布图，表征金属材料表面功函数。1998 年，Schmutz 和 Frankel 等人首次将 SKPFM 技术引入腐蚀科学领域，之后该技术逐渐成为研究材料腐蚀机理的重要手段。2011 年，Senöz 等人首先证明了 SKPFM 可通过测量针尖与样品之间接触电势差的变化来表征材料表面的氢浓度变化。自此，越来越多的研究者利用 SKPFM 方法进行材料内部氢分布的研究。

1）SKPFM 测氢原理。电子功函数又称逸出功，是指真空能级与其费米能级之差，它表征了金属中电子逃逸的难易程度。功函数越低，电子越容易逸出金属表面。在 SKPFM 实验中，针尖和样品两种金属的功函数与其接触电势差之间的关系为

$$eV_{CPD}=e\left(V_{sample}-V_{tip}\right)=\varphi_{sample}-\varphi_{tip} \tag{1-12}$$

式中，$V_{CPD}=V_{sample}-V_{tip}$ 为样品和针尖的接触电势差；φ_{sample} 和 φ_{tip} 分别表示金属样品与金属针尖的功函数，e 为电子电荷。在 SKPFM 实验中，所使用的针尖的功函数（φ_{tip}）是一个常数，因此，接触电势差电势与样品的功函数（φ_{sample}）成正比。需要注意的是，SKPFM 实验得到的是两种金属间的接触电势差，而非样品的绝对电势，若想获得样品的电子功函数，就需先用表面稳定的样品（如 Ni、Au、Pt、高定向热解石墨等）标定探针功函数。氢原子的引入会降低金属材料的功函数，导致探针与样品之间的接触电势差下降，即 SKPFM 电势下降。因此，利用 SKPFM 测量接触电势差的变化可以间接表明样品中的氢浓度分布。

2）SKPFM 测氢技术的发展和应用。近年来，SKPFM 技术在测氢领域的应用不断增多，主要对金属中的氢进行高灵敏度、定量表征。Senöz 等人首次利用 SKPFM 进行高空间分辨率测氢的研究工作，即使在低至几十纳米的高横向分辨率下也可检测氢的渗透和扩散。由于氢的存在可以降低金属钯（Pd）的功函数，Evers 等人探索了 SKPFM 定量测氢的可能性，氢扩散进入钯中并积累，测得相应的钯表面电势的降低，但是降低的斜率与钯膜厚度相关。Senöz 等人发现不同晶粒中 SKPFM 电势变化快慢不同，推测不同晶粒中氢扩散速率不同。Li 等人也利用 SKPFM 监测了双相钢在充氢后的奥氏体相与铁素体相的功函数变化规律，表征两相不同的氢扩散速率和氢溶解度。

此外，利用 SKPFM 还可检测钢中多种微结构局部氢。例如，Hua 等人发现马氏体与奥氏体相界可作为氢陷阱。Wang 等人表征了氢在 18Ni 马氏体失效钢中逆转变奥氏体和裂纹尖端中的富集。马兆祥等人结合 SKPFM 表征晶界的捕获氢原子的能力，排序为 $\sum 5 \approx \sum 11 \approx \sum 27a> \sum 7 \approx \sum 9 \approx \sum 27b> \sum 3$，其中 $\sum 3$ 晶界处不会富集氢原子。随后，马兆祥等人又将 SKPFM 方法与慢拉伸实验方法结合，观察到纯镍单晶中运动位错的载氢行为。

张冰芦等人通过扫描开尔文探针力显微镜（SKPFM）实验，原位表征了单个非共格 Ti_2CS 析出相与氢的动态相互作用，原位揭示了非共格析出相的氢捕获行为及其氢捕获微观机理。氢与析出相相互作用的原位 SKPFM 电势结果如图 1-21 所示，该结果表明，在电化学充氢条件下，有些非共格界面可以捕获氢原子，而有些非共格界面不捕获氢原子，甚至排斥氢原子。采用扫描透射电子显微镜（STEM）实验进一步表征了上述不同氢捕获行为特征对应的界面原子尺度结构和化学特征，表明析出相表面的碳（硫）空位和界面近邻基体中的拉伸应变促进非共格界面捕获氢原子，而界面近邻基体中的压缩应变则导致非共格界面排斥氢原子。

综上所述，EP 和 TDS 实验通常可以揭示材料内部的整体行为，而无法得到氢原子在某一特定晶体缺陷（如晶界、位错、夹杂物等）处的行为。HMT 虽然可以表征晶体缺陷的氢分布，但是空间分辨率仍有限，无法分辨纳米级微结构的氢分布。SIMS 和 APT 技术可以在氢分布上获得较高的空间分辨率，但是其破坏性的实验方法，阻碍其进一步将氢与钢中复杂的组织结构结合起来。SKPFM 方法具备高氢灵敏度和高空间分辨率的特征，可实现对纳米级微结构的氢扩散与富集进行的原位动态表征氢；结合显微表征手段，可原位获得微结构的物

理和化学特征，为进一步揭示氢脆的微观机理提供条件。

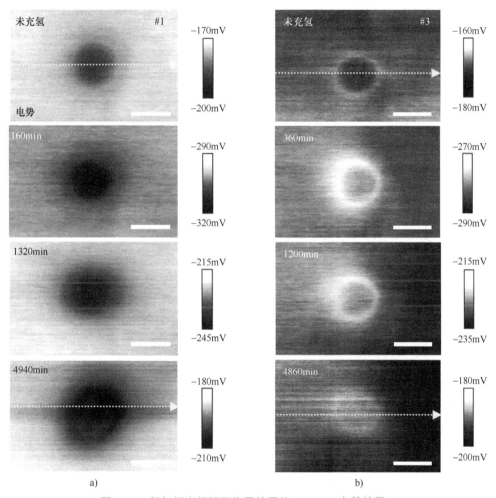

a)　　　　　　　　　　　　　　　b)

图 1-21　氢与析出相相互作用的原位 SKPFM 电势结果

a）1# 析出相在未充氢和充氢后的 SKPFM 电势图　b）3# 析出相在未充氢时和充氢后的 SKPFM 电势图

1.6　氢脆性能的评价方法

氢在弹性和塑性变形过程中的行为，是理解氢脆机理的重要基础信息。材料在不同服役条件下，加载模式可能不同。例如，在冷压成形下材料受恒定应变速率的塑性变形、储存氢的高压容器受恒定应力，弹簧受循环应力，以及冲压成形材料受弯曲变形等。为了更贴近材料服役环境，通常采用不同的服役条件和加载模式来评价材料的氢脆性能。本节将介绍目前常用的几种氢脆性能的评价方法。

（1）慢应变速率拉伸　慢应变速率拉伸（slow strain rate tensile，SSRT）通常采用光滑或缺口拉伸试样，在恒定的、较慢的拉伸速率（工程应变速率）下进行拉伸实验，直至样品断裂，获得相应的应力 - 应变曲线，如图 1-22a 所示。氢脆敏感性是基于预充氢或动态充氢样品相对于无氢样品的力学参量变化来评价的，包括延伸率、抗拉强度、断裂收缩率以及断裂时间等。该方法获得的氢脆敏感性与应变速率以及氢浓度有关，有关标准要求常用的应变速率为 $1 \times 10^{-4} \sim 1 \times 10^{-7} \mathrm{s}^{-1}$。大多数金属材料的氢脆敏感性通常随应变速率的降低而升高。SSRT 方法具有设备成本低、操作方便且实验周期较短的优点，目前广泛地用于材料抗氢脆性能研究。

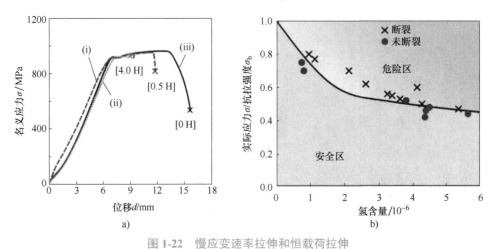

图 1-22　慢应变速率拉伸和恒载荷拉伸

a）不同氢浓度下的 SSRT 结果　b）不同恒应力加载下充氢的氢浓度

（2）恒载荷拉伸　恒载荷拉伸（constant load tensile，CLT）方法通常采用光滑或有缺口的拉伸试样，在特定氢环境下得到氢致延迟开裂应力与断裂时间的关系，从而获得发生氢致延迟开裂的临界应力或临界氢浓度，以此评价材料的氢脆性能（图 1-22b）。此外，通过改变试验的氢环境，可获得氢致延迟开裂门槛强度随氢浓度的变化曲线。通常，材料的氢致延迟断裂强度随氢浓度的升高而降低。Wang 等人通过 CLT 结合有限元模拟分析，发现氢致延迟开裂的发生与应力驱动的氢富集过程有关，即当应力峰值处的氢浓度达到临界浓度时发生开裂。对于基于应力原理的工程设计，CLT 的结果可以为结构完整的安全性提供有价值的指导。Yan 等人通过 CLT 方法预估了储氢罐材料奥氏体不锈钢在阈值应力作用下的安全使用寿命。CLT 方法需要的实验样品多、实验周期长、实验成本较高。

（3）疲劳试验　疲劳试验通常采用紧凑拉伸试样，在循环载荷下获得材料的疲劳裂纹扩展速率与应力强度因子幅的关系曲线。材料的疲劳寿命包括裂纹萌生阶段和裂纹扩展阶段的循环数，而疲劳裂纹扩展速率在一定程度上决定材料的疲劳寿命。氢可显著提高裂纹在稳定 Paris 区的裂纹扩展速率，其效果与温度、氢浓度、加载频率以及应力强度等因素有关。例如，Ogawa 等人研究了在不同氢浓度下纯铁的氢辅助疲劳裂纹扩展速率，发现在 0.7MPa 氢气氛下，在低应力强度下，疲劳裂纹扩展速率没有明显变化，而在高应力强度时，疲劳裂纹扩展速率显著提高；在 90MPa 的氢气气氛下，在较低的应力强度下疲劳裂纹扩展速率也会显著提高。疲劳断裂拉伸断口的典型特征是垂直于裂纹扩展方向的疲劳条纹，有氢参与时，氢促进了疲劳裂纹的扩展，疲劳条纹的间距变大，且表现出脆性特征。

与疲劳试验相比，SSRT 和 CLT 方法可以获得材料的氢致断裂强度，这对于获得材料的安全强度使用区间具有参考意义。目前，关于在 SSRT 和 CLT 两种测试方法下获得氢致断裂强度的对比研究，不同学者得出不同的结论。例如，Wang 等人采用光滑拉伸试样研究 TM210 马氏体时效钢在 SSRT 和 CLT 下的断裂强度，结果显示，在 SSRT 下的氢致断裂强度高于在 CLT 下的氢致断裂门槛强度。Matsumoto 等人采用缺口拉伸试样研究两种中碳马氏体钢，结果显示，在 SSRT 和 CLT 下获得的氢致断裂强度相似。不同的实验结果可能与材料微观结构、应力施加的方式、充氢方法以及实验步骤等因素有关。因此，进一步控制相同的实验条件进行对比实验，建立在 SSRT 和 CLT 两种评价方法下获得的氢致断裂强度的关联性，对于综合比较在不同评价方式下获得的氢脆性能具有十分重要的参考意义。此外，通过对比研究在 SSRT 的动态应力和 CLT 的静态应力下的氢致断裂过程也可更深入地理解氢脆机制。

第 2 章

金属材料的液态金属致脆机理

2.1 液态金属致脆简介

液体金属致脆（liquid metal embrittlement，LME），是指当固体金属与某些液体金属（尤其是低熔点金属，如汞、镓、铅铋合金等）接触时，液态金属的渗透、吸附或化学反应等作用，导致固体金属材料塑性与韧性显著下降，从而使其容易在低应力下发生脆性断裂，甚至在部分体系中不需要外力作用就会发生脆性断裂。这种现象可能与液态金属向固态金属中的扩散行为有关，扩散后的液态金属与基体中某些特殊位置发生交互作用，如特殊晶界、特殊晶面、应力集中处等，使部分区域提前失效，加剧了局部应力集中，最终导致材料宏观力学性能降低。

液体金属致脆的研究可追溯到 20 世纪初，有人发现用汞接触含 2% 铝（质量分数）的铜锌合金，就会导致基体沿晶界断裂，这对研究晶体与晶界有很大的潜在价值。随着材料科学和金属加工技术的发展，研究人员逐渐意识到某些液体金属对固体金属力学性能的潜在影响。早期，研究人员首先注意到当铝、铜等金属与汞接触时，这些金属会表现出异常的脆性。这一发现引发了人们对液体金属致脆现象的广泛关注。随着研究的深入，科学家们开始探索液体金属致脆的机制。他们发现，液体金属能够渗透到固体金属的晶界处，与晶界处的原子相互作用，从而改变晶界的化学和物理性质，导致晶界强度降低。早期的工作集中于确定引起脆化的特定液态金属及其发生的条件。随着时间的推移，研究逐步揭示了 LME 的潜在机制，包括界面化学的作用、扩散动力学、温度、应力和合金成分的影响。

液态金属致脆的研究之所以重要，有以下几个原因：

（1）安全问题　在工业应用中，由于 LME 导致的组件意外脆性断裂可能导致灾难性故障，构成重大安全隐患。减轻 LME 对于确保工程系统的可靠性和耐用性至关重要。

（2）材料性能　包括金属玻璃、复合材料和涉及液态金属的涂层在内的先进材料的性能会受到 LME 的显著影响。通过研究其中的机制，研究人员可以针对性地制定策略来提高 LME 抗性，从而提高这些材料的整体性能。

（3）设计指南　对 LME 的深入了解可以指导材料和部件的设计，以尽量减少脆化的风险。例如，为特定应用环境选择合适的材料、优化表面处理，以及设计具有减少液态金属渗透可能性的几何形状的部件。

（4）经济影响　LME 引发的故障可能造成大成本的维修、停产，甚至法律责任。通过预防或减轻 LME，可以节省大量资金并保持其竞争力。此外，在包括核电、镀锌钢板在内的多个工业重点领域都存在 LME 现象，理解和解决 LME 问题将会使工业整体水平再上一层楼。

（5）基础科学　LME 的研究也有助于在原子和分子尺度上理解材料行为的本质。从这项研究中获得的见解可以为新材料和制造工艺的开发提供参考数据，从而促使各个领域的技术进步。

总之，液态金属致脆是影响工程系统安全性、性能和经济可行性的关键问题，了解其潜在的机制和制定相应的策略来减轻甚至屏蔽其影响是推进材料科学和工程发展必不可少的因素。

2.2　液态金属致脆现象与特征

液态金属与金属材料的接触往往带来复杂的物理化学变化，这些变化直接影响金属材料的性能。首先，液态金属由于其高流动性和渗透性，容易沿着固态金属的晶界或其他特殊位点向内部扩散，这极有可能劣化金属材料的微观结构，还可能因为引入了新的化学成分而影响材料的整体性能。其次，液态金属与固态金属之间还可能会发生化学反应，生成金属间化合物，或造成材料的表面腐蚀。这些反应产物的生成可能改变材料的力学性能和电学性能，甚至在某些情况下导致材料失效。最后，液态金属还可能通过吸附作用在固态金属表面或界面形成一层薄膜，这层薄膜的存在会改变金属表面的物理化学性质，如润湿性、黏附性等，进而影响材料的加工性能和使用寿命。

LME 是材料科学与工程领域的一个重要问题，涉及金属材料的微观结构、化学成分、应力状态等方面。LME 现象通常表现为金属材料受到拉伸载荷时，强度和塑性显著下降，断裂形式由韧性断裂转变为脆性断裂。这种脆性断裂往往沿晶界发生，形成平滑的断口表面，与韧性断裂时形成的韧窝状断口形成鲜明对比。此外，LME 的发生速度和程度还受到温度、应力状态、金属材料种类和液态金属种类等多种因素的影响。

液态金属致脆导致的脆性断裂是一个涉及液态金属渗透与吸附、晶界弱化与裂纹萌生、裂纹扩展与脆性断裂以及多种影响因素的复杂过程。首先，液态金属在渗透与吸附过程中，由于其高流动性和渗透性，容易沿固态金属的晶界或其他微观缺陷进行扩散。这种扩散作用使液态金属能够深入到固态金属内部，对材料的微观结构产生影响。另外，液态金属可能会在固态金属表面发生吸附，这种吸附会改变表面原子间的结合状态，使得表面原子间的结合力减弱。这种弱化作用为后续脆性断裂提供了条件。液态金属沿晶界的渗透和扩散还会弱化晶界的结合力。晶界是固态金属中原子排列较为混乱、能量较高的区域，也是裂纹容易萌生的地方。液态金属的存在进一步降低了晶界的强度，使得裂纹更容易在晶界处形成。受到拉伸载荷时，由于晶界强度降低，裂纹萌生于晶界处。这些裂纹很大可能起源于材料内部的微观缺陷、夹杂物或应力集中区域。一旦裂纹萌生，它将在拉伸载荷的作用下沿晶界或其他弱化区域扩展。液态金属在裂纹尖端的吸附和渗透会进一步促进裂纹的扩展。裂纹扩展过程中可能伴随液态金属的毛细作用，将更多的液态金属吸入裂纹内部。随着裂纹的不断扩展，最终导致材料的脆性断裂，而这种断裂通常是在远低于材料正常屈服强度的应力水平下发生的，且断裂前几乎没有塑性变形过程。最终断口表面呈现出沿晶断裂的特征，即裂纹主要沿着晶界扩展。

LME 的特征主要表现为以下几个方面：

（1）低应力脆断　LME 最显著的特征是金属材料在低应力下发生脆性断裂。这种断裂往往是在远低于材料屈服强度的应力下发生的，与材料在正常环境下的断裂行为形成鲜明对比。

（2）沿晶断裂　LME 引起的断裂大多呈沿晶断裂形势，即裂纹沿着晶界扩展。这是由于液态金属容易沿着晶界渗透和扩散，进而弱化晶界的结合力，使得裂纹更容易在晶界处萌生与扩展。

（3）断口形貌特征　LME 引起的断口的表面通常比较平坦，没有韧性断裂时形成的韧窝状特征。在某些情况下，断口表面可能出现一些细小的撕裂棱或二次裂纹，这与裂纹扩展过程中液态金属的吸附和界面分离有关。

（4）温度依赖性　LME 的发生速度与温度有很强的关系。一般来说，温度越高，液态金属的流动性和渗透性越强，LME 的发生速度也越快。但是，在某些情况下，当液态金属与固态金属形成低熔点共晶合金时，LME 的发生温度可能会降低。然而，随着温度继续升高，固态金属的塑性随之提升，原子的扩散速率变大，液态金属的分散更为均匀，不易偏聚，LME 敏感性降低。

（5）材料敏感性　不同种类的金属材料对 LME 的敏感性不同。一般来说，对于金属材料，强度越高，其对 LME 越敏感，这是因为高强度材料往往具有更细的晶粒以及更高的晶界能，更容易受液态金属的影响。较为常见的会发生 LME 现象的固态金属 - 液态金属致脆组合如图 2-1 所示，图中 × 表示横轴和纵轴对应组合间存在 LME 现象。

| | | 液态金属 | | | | | | | | | | | | | |
		As	Bi	Cd	Cu	Ga	Hg	In	Li	Na	Pb	Sb	Sn	Te	Tl	Zn
固态金属	Al			×		×	×	×		×	×		×			×
	Ag					×	×		×							
	Cu		×			×	×	×								
	Fe & Steel	×		×		×					×		×			×
	Ge		×	×		×		×				×	×	×	×	
	Mg									×						×
	Ni		×													
	Ti			×												
	Zn					×	×					×		×		

图 2-1　较为常见的固态金属 - 液态金属致脆组合

以铁素体 / 马氏体钢（简称为铁马钢，如 T91、EP823、CLAM、SIMP 钢）的液态铅铋（lead-bismuth eutectic，LBE）致脆为例，由于其具有优异的高温力学和抗快中子辐照肿胀等性能，所以是核燃料包壳和其他堆芯结构件最重要的候选材料。但是，铁马钢与液态铅铋存在相容性问题，包括液态铅铋腐蚀和液态铅铋致脆。其中，液态铅铋腐蚀一般需要较长时间才会对结构件的服役安全造成不利影响，而液态铅铋致脆，作为液态金属致脆的一种，有可能无预兆地导致堆芯结构材料发生快速脆性断裂，对反应堆的安全运行危害极大。T91 在液态 LBE 和空气中的 SSRT 结果如图 2-2 所示。有必要对其规律和机理进行系统而深入的研究。铁马钢的微观结构复杂（包含原奥氏体晶界、大量纳米级马氏体板条，马氏体板条内部和界面上还存在大量纳米级析出物等）。液态 LBE 环境中的拉伸后试样的断面高分辨扫描电子显微镜图如图 2-3 所示，其中图 2-3a～图 2-3c 为宏观形貌图，表明断面由多级裂纹组成，两级裂纹之间有一层"无明显特征的小平台"，通过对该区域进行局部放大，可观察发现纳米尺度"起伏"。呈现出的 LME 断口特征也较复杂且以穿晶（准）解理开裂为主，现有理论解释铁马钢在液态铅铋中的 LME 现象存在很大局限性。

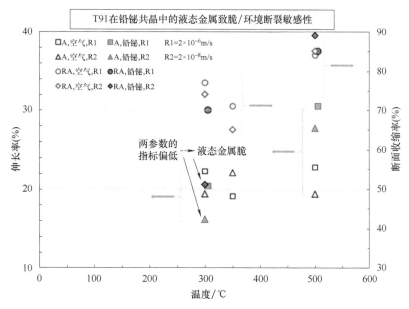

图 2-2　T91 在液态铅铋和空气中的 SSRT 结果

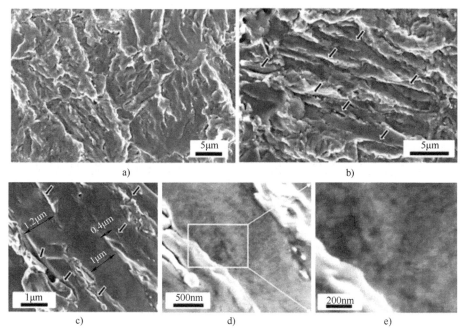

图 2-3　液态铅铋环境中的拉伸后试样的断面高分辨扫描电子显微镜图

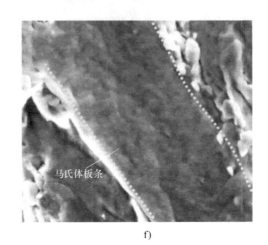

f)

图 2-3 液态铅铋环境中的拉伸后试样的断面高分辨扫描电子显微镜图（续）

2.3 液态金属致脆的形成机理

在不同的固体 - 液体组合中，由于原子尺寸、物理化学特性等因素不尽相同，液态金属致脆的表现形式也大相径庭。关于液态铅铋造成铁马钢脆性开裂的本征脆性机理，目前已有多种 LME 理论，分别对应不同的体系，如液态金属原子吸附降低表面能理论（简称为表面能理论）、液态金属原子表面吸附弱化固体金属原子键理论（简称为弱键理论）、液态金属原子在裂尖吸附促进裂尖位错发射理论（简称为位错理论）、应力促进裂尖处固体金属原子的溶解和析出理论（简称为溶解理论）及液态金属原子沿固体金属的晶界扩散理论（简称为扩散理论）等，部分理论可以很好地解释如奥氏体不锈钢的 Zn 脆、Al 的 Ga 脆、Ni 基合金的 Bi 脆等以沿晶开裂为主要特征的 LME 现象。

在 Ni-Bi 体系中，LME 现象是由于两种元素在晶界形成界面相。如图 2-4 所示，Luo 等人通过观察 1100℃保温 5h 的退火试样的晶界扩散行为，发现多数一般晶界都能观察到 Bi 双层结构，渗透深度在毫米级，只有少数低能晶界没有观察到这种结构，这种界面结构会导致 Ni 基体的脆化。通过球差矫正透射电子显微镜在扫描透射模式（STEM）高角环形暗场像（HAADF）可以观察到晶界位置有几个原子层厚的富 Bi 区，即 Ni-Bi 体系中的晶界相，这种晶界相多出现在大角度晶界中。Bi 原子与 Ni 基体紧密连接，而与晶界对侧的 Bi 原子无明显规律，可以推断出，Bi—Ni 键要强于 Bi—Bi 键。又因为其处于晶界位置，故两侧晶粒并非同一取向，界面相也很难同时与两侧基体形成有序结构，故部分 Bi—Bi 键会断掉以保持整体的稳定性，这与观察到的 Bi—Bi 键变长的现象相符。这可能就是 Ni-Bi 体系中液态金属致脆的原因。参考目前较为成熟的表面预润湿和预熔化理论，这种界面相的形成也可通过多个表面张力相互平衡的理论解释如图 2-5 所示，其中，图 2-5a 所示为 Ni（100）面的计算结果，图 2-5b 所示为 Ni（110）面，图 2-5c 所示为 Ni（111）面，Bi 原子在晶界形成的多种超结构都会降低晶界的能量，形成更加稳定的结构。Yu 等人又从不同方向观察多组晶界，并结合 DFT 计算表明，在不同晶面上 Bi 与 Ni 形成的超结构不同，且这种超结构与晶界本身的取向差角无关，只和晶界两侧的晶粒取向有关，进一步导致晶界两侧超结构很可能无法相互匹配，从而形成一层原子级的润滑层。不同取向的超结构厚度也不同。随着界面润滑层的占比不断增大，材料内部晶界优先失效，截面积变小的同时加剧应力集中，最终导致材料迅速失效。

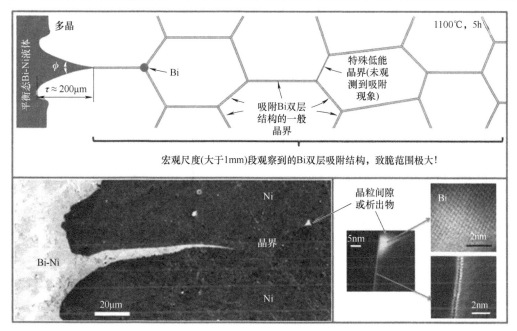

图 2-4　1100℃ 保温 5h 的退火试样观察

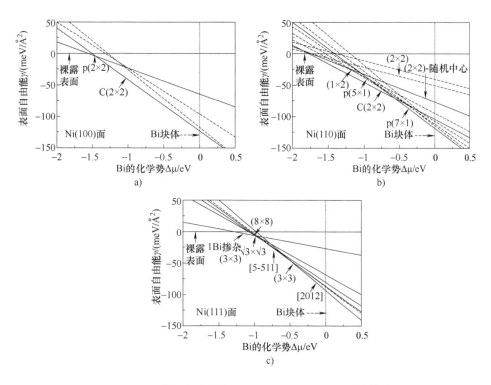

图 2-5　Ni-Bi 体系中自由表面以及晶界位置的 DFT 计算结果
a）Ni（100）面　b）Ni（110）面　C）Ni（111）面

Al-Ga 体系也存在相似的现象，然而 Ga 在 Al 中的扩散速率即便是在室温的条件下也能达到几微米每秒，在力的作用下还能更快，故进行 Al-Ga 体系的原子尺度观察难度很大。W.Sigle 通过聚焦离子束（FIB）将 Ga 注入预先制备的具有特定取向晶界的 Al 基体中，再控制温度等待 Ga 原子自行扩散，用这种方式在保证试样干净的同时模拟了与液态 Ga 接触后的情况。通过高分辨透射电镜（HRTEM）观察注入 Ga 后 Al 基体的 Σ11<110>{311} 晶界，如图 2-6 所示，其中，图 2-6a 所示为距离注入位置较近处的晶界结构，衬度较亮处对应 Ga 原子的位置，其中一对 Ga 原子已被圈出；图 2-6b 所示为距离注入位置较远处的晶界结构，通过晶面的偏移辨别 Ga 原子的位置可以发现 Ga 原子沿着 Al 基体的点阵向晶界延伸，同时富 Ga 层宽度随着与 Ga 源距离的增大而减小。同时，第一性原理计算表明 Ga 原子与 Al 原子的结合力比与 Ga 原子的结合力要强，这可通过 Ga 本身很低的熔点（29.76℃）佐证。综合上述因素可知，Ga 原子会沿着晶界以很快的速度渗透到 Al 基体内部，并沿着 Al 基体的结构向晶界外延，形成原子级润湿层，进而削弱界面结合力。同时，这种原子级的润湿层又会促进 Ga 原子的进一步渗入，导致 LME 现象加剧，最终使材料迅速沿晶脆断。然而，在小角度晶界和 Σ3 晶界并未发现这种 Ga 原子的外延现象，这也引导后续降低 LME 敏感性的设计可以从增加这两种晶界占比角度出发。Zhang 等人在 7075-T6 铝合金中发现晶界处的 Ga 原子层还会阻碍位错的运动，这导致除了位错缠结的原始过程外，位错成核新位点的形成。它降低了材料的塑性变形能力，加剧了位错形成部位的应力集中，并最终导致畸变量过大、产生裂纹。为释放过高的畸变能，裂纹快速长大，最终导致脆性断裂。

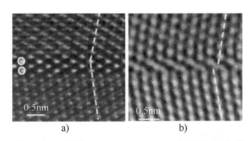

图 2-6　Ga 注入后 Al 基体 Σ11<110>{311} 晶界的高分辨透射电镜图

在铁马钢 - 液态铅铋共晶体系中，虽然已经存在通过切片方式利用电子显微镜或原子探针在微纳尺度上表征了裂纹扩展路径、液态金属原子向基体金属的渗透。图 2-7a~c 所示分别为沿晶界 / 马氏体板条界扩展的裂纹、沿晶 / 穿晶的混合次级裂纹，以及未观察到沿原奥氏体晶界的裂纹，其中主裂缝延伸方向几乎与加载轴垂直，结合 EDX 表征（energy dispersive X-ray analyzer，X 射线能谱表征）可知 LBE 填充了裂纹。但具体理论图像仍停留在假说阶段，缺乏足够确凿的实验证据支撑。Gong 等发现 T91 的 LME 断口以穿晶准解理特征为主，也有一定沿晶开裂特征。他们根据表面能理论和扩散理论预测 LME 裂纹主要沿晶开裂，与上述实验结果并不相符。弱键理论预测 LME 裂纹主要是穿晶解理开裂，断口应无塑性变形痕迹，与所观察到的马氏体板条断面上的纳米级韧窝特征相矛盾。考虑 T91 的疲劳裂纹扩展速率快（接近 200μm/s），且铁马钢的主要成分 Fe 在 350℃ 铅铋中的溶解度极低（~0.1×10^{-6}），因此溶解理论难以解释裂纹有如此快的扩展速度。另外，T91 疲劳断口倾向沿着最大拉应力而非最大剪切应力方向开裂，表明位错理论也不适用。Gong 等人提出了裂尖塑性与铅铋吸附弱化原子间结合力的竞争机制来定性理解 T91 在液态铅铋中断口的复杂特征。T91- 液态铅铋共晶体系中 LME 裂纹扩展机制的示意图如图 2-8 所示。这种机制假定铅铋对于原子间作用力的弱化是较为温和的，在 τ 达到 τ_c 时，σ_y 仍小于 σ_c，裂纹前端位错开始滑移，空位在裂纹前端形核长大，同时位错也在局域塞积，τ 和 σ_y 得以继续升高，如图 2-8a 所示。最终当 σ_y 达到 σ_c 时，A—A1 键断开，又因为裂纹前端存在大量空位，裂纹会迅速扩张，如图 2-8b 所示。其中，σ_c 为断开 A—A1 原子键所需的正应力，τ_c 为激活裂纹尖端特定滑移系位错滑移所需的切应力，σ_y 为实际施加在 A—A1 键上的正应力，τ 为实际施加在该滑移系上的切应力。

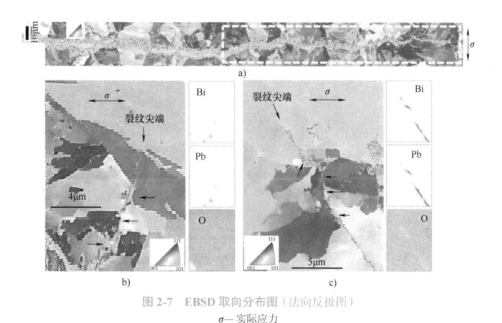

图 2-7　EBSD 取向分布图（法向反极图）

σ— 实际应力

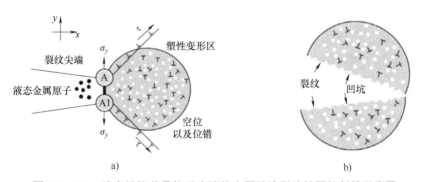

图 2-8　T91- 液态铅铋共晶体系中液体金属致脆裂纹扩展机制的示意图

关于 LME 的机理，目前尚无统一的定论。但是，吸附作用诱发表面和裂纹尖端原子间结合力的弱化被广泛认为是 LME 产生的主要原因之一。具体来说，液态金属吸附在固态金属表面后，会改变表面原子间的结合状态，从而减弱了表面原子间的结合力。受到拉伸载荷时，这些弱化的表面原子更容易发生位错发射或界面分离，从而导致裂纹的萌生和扩展。

液态金属沿晶界的渗透和扩散也是 LME 产生的重要原因之一。液态金属能沿晶界快速扩散，并在晶界处形成一层薄膜或富集区。这层薄膜或富集区的存在会弱化晶界的结合力，使得裂纹更容易在晶界处萌生和扩展。同时，液态金属与固态金属之间还可能发生化学反应生成金属间化合物，引起表面腐蚀等进一步弱化晶界结合力的现象。

除去上述两种应用较为广泛的模型，还有其他多种猜测：

1）表面能降低理论。这种理论基于列宾捷尔（Rehbinder）效应和格里菲斯（Griffith）断裂理论衍生而来。Rehbinder 效应中提到可通过液态金属原子的吸附降低固体表面能。Griffith 理论表示"断裂"这一行为是将材料内部储存的部分畸变能转化为新表面对应表面能。随着液态金属原子向固态金属内部扩散，Griffith 断裂的条件就更容易满足，因此会有液态金属致脆的现象。

2）吸附导致原子键结合力降低模型。吸附导致原子键结合力降低模型是对表面能降低理论的深化。表面科学方面已经证明了裂纹尖端吸附的液态金属原子弱化了紧邻位置基体之间的原子键。当裂纹尖端受拉应力的作用时，两个相反的过程便会同时开始。一方面，承受最大拉应力处原子键随最大拉应力位置的推移相继断裂；另一方面，滑移面的位错将会启动滑移，使裂纹尖端钝化。吸附导致原子键结合力降低模型认为，异质原子 B 靠近裂纹尖端会导致裂纹尖端原子的核外电子重排，如图 2-9 所示。图 2-10 所示为裂纹尖端原子 A—A$_0$ 之间势能 $U(a)$ 以及原子间作用力 $\sigma(a)$ 随原子间距离 a 的变化曲线。其中，$\sigma(a)$ 曲线可以近似看作半条正弦函数曲线，a_0 及 σ_m 分别代表平衡式的原子间距以及断键所需应力。A—A$_0$ 之间的势能由 $U(a)$ 变为 $U(a)_B$，原子间作用力大小也从 $\sigma(a)$ 变为 $\sigma(a)_B$，断键所需应力从 σ_m 变为 $\sigma_{m(B)}$。随着裂纹尖端前移，新的位置吸附异质原子后也会重复上述过程。该模型指出，裂纹尖端与液态金属原子的直接接触可以成为 LME 的触发机制之一。不难发现，这种模型中裂纹的扩展速率取决于液态金属原子的移动速率，只有液态金属原子与裂纹尖端直接接触才能触发这种机制。此外，致脆原子对基体的影响区也只有几个原子层大。然而，液态金属原子出现在裂纹尖端也未必会弱化原子键，也有可能形成金属间化合物或以固溶形式存在。固态的 Al、Ti、Ni、Fe 暴露在液态 Hg 环境中时都体现出亚临界裂纹扩展速率，互溶度较低并且没有形成金属间化合物，故在这些体系下，LME 就可能遵循弱键模型。鉴于在此模型下吸附直接决定了裂纹扩展速率，如温度、应力/应变、化学成分等因素就必须在模拟计算时纳入考虑，可目前仍没有直接的证据可以证明原子级弱键效应的存在。

3）吸附促进位错发射机制。吸附促进位错发射机制是通过大量断面试验数据总结出来的，该理论旨在解释 LME 特征断面出现的小孔。该理论认为液态金属原子的吸附会导致裂纹尖端附近基体的剪切强度下降，使裂纹尖端位错更容易滑移，促进裂纹前端的孔洞形核，如图 2-11 所示。在惰性环境下，裂纹塑性扩展通过激活裂纹尖端的大量位错实现，其中一部分位错促进裂纹的扩展，同时也有一部分会使裂纹尖端钝化，裂纹前端的塑性变形区也会聚集一些不连续的孔洞。这些孔洞长大、聚合，并与裂纹尖端连接，以此实现裂纹的扩展，因此断面呈韧窝状特征。然而在液态金属环境下，可能是由于液态金属的存在降低了临近区域位错运动的临界切应力，尖端位错发射变得更容易。更多的位错启动意味着孔洞形核更多、更快，即促进裂纹扩展的部分占比更大。这种机制可以解释断面上存在的少量塑性变形，同时意味着断面上会有比在惰性条件下断裂时更多、更小的韧窝或微孔洞。然而在某些

LME 实验中并未发现断面存在微孔洞，即便在很高的分辨率下都未发现类似特征。

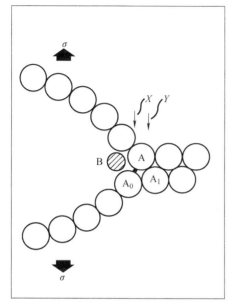

图 2-9　吸附导致原子键结合力降低模型图示

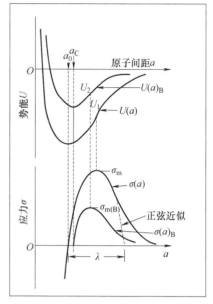

图 2-10　原子势与原子键作用力大小示意图

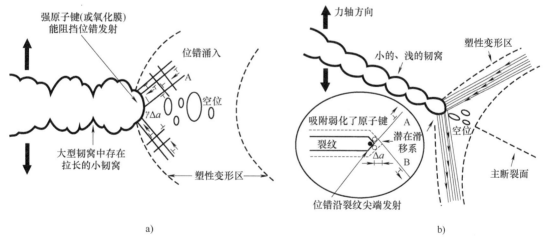

a)　　　　　　　　　　　　　b)

图 2-11　吸附促进位错发射机制示意图
a）惰性环境下　b）液态金属环境下

4）局部塑型变形以及晶界渗透机制。这种机制的提出基于液态 Hg 在 CuAl 合金中的沿晶断裂现象，认为 LME 是塑性变形过程中位错塞积在晶界，与扩散到临近位置的液态金属原子共同作用于裂纹尖端的结果。这种交互作用会导致晶界的强度降低，进而导致裂纹趋向于沿着晶界扩展。因此，这种机制下裂纹扩展速率也和液态金属原子沿晶界的扩展速率相关。这与之前观察到的"LME 裂纹扩展速度非常快，甚至能达到数十毫米每秒"不能很好匹配，这也是这种机制在裂纹扩展速度较快的 LME 体系中未被广泛接受的原因。

5）应力辅助溶解模型。该模型主要用于预测裂纹扩展动力学，存在三个基本假设：①裂纹尖端完全由液态金属填充，同时固相与液相之间能自由溶解，在应力的作用下固相就会自发地溶解到液相中；②固相溶解速率在应力的作用下得到了极大提升，固相进入液相后再在应力较小的位置沉淀；③钝化后的裂纹尖端处于弹性状态，可通过弹性应力分析的方式得到裂纹尖端的应力分布。基于上述假设，借由扩散速率、温度、固 - 液界面的表面能等参数，可以通过计算得到裂纹尖端扩展速率。但若固相在液相中的溶解度较大，裂纹尖端将会明显钝化而减缓裂纹扩展。此外，固相在液相中的溶解度也不应受到外加应力的影响。由于该模型无法解释上述问题，目前也未被广泛接受。值得一提的是，该模型考虑了温度对裂纹扩展速率的影响，在加以一定修正后仍可用于部分模型的趋势性推导。

6）原子扩散导致晶界渗透理论。该理论是基于对 4140 钢 - 液态 In 体系中低载荷拉伸试验的观察结果提出的。该理论认为 LME 的前提是液态金属沿晶界向内扩散到一定深度，并且聚集到一定水平才会发生，即需要一定的孕育期，这也解释了一部分延迟断裂的现象。同时，应力会促进原子的扩散。液态金属受热激活扩散进钢基体中，扩散速率与拉伸速率相关。裂纹形核需要建立在足量液态金属渗透到基体中，根据热激活的阿伦尼乌斯（Arrhenius）公式进行估算。该模型很好地解释了延迟断裂现象，但并未说清裂纹扩展和原子扩散的关系。此外，晶界扩散现象还在其他液态金属 - 固态金属体系中出现，如 Al-Ga 体系、Ni-Bi 体系等。

7）局部塑性导致加工硬化理论。该理论与吸附促进位错发射理论相近，两者均认为裂纹尖端吸附液态金属原子后会降低邻近区域的剪切强度，促进位错发射。然而，该理论认为，更多位错启动将会在裂纹尖端附近带来更强的加工硬化。此外，液态金属原子的吸附还可能启动新的滑移带，进一步提高局部塑性以及流变应力，最终导致裂纹萌生与位错堆积以及其他应力集中处，随后迅速沿着硬、脆的基体扩展。局部塑型导致加工硬化模型图示如图 2-12 所示。

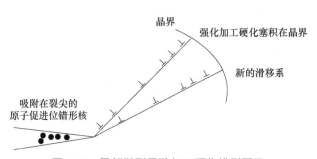

图 2-12　局部塑型导致加工硬化模型图示

2.4　影响液态金属致脆的因素

LME 这种复杂的物理现象受到多个因素的影响，如应变速率、温度和暴露时间等。具体可总结为以下几方面：

（1）温度　温度是影响液态金属致脆发生速度和程度的关键因素之一。一般来说，温度越高，液态金属的流动性和渗透性越强，越容易沿晶界或其他微观缺陷扩散到固态金属内部，从而弱化晶界结合力，促进裂纹的萌生和扩展。然而，在某些情况下，当液态金属与固态金属形成低熔点共晶合金时，LME 的发生温度可能会降低。因此，在设计和使用涉及液态金属与固态金属接触的设备时，必须充分考虑温度因素的影响。

（2）应力状态　应力状态对 LME 的发生也起着重要作用。拉应力是促进 LME 发生的主要应力形式。在拉应力作用下，固态金属材料的晶界更容易受液态金属的影响而弱化，从而引发裂纹的萌生和扩展。此外，应力加载速度、应力集中程度以及应力状态（如平面应变状态）等因素也可能影响 LME 的发生。因此，在材料设计和使用过程中，需合理控制应力状态，避免过大的拉应力和应力集中现象发生。在 Al-Ga 体系当中，以液态镓和铝合金 7075-T6 的组合为例，应变速率对于 LME 敏感性的影响极为显著。在应变率为 $0.001s^{-1}$ 时，液态 Ga 使材料的抗拉强度降低了 73.1%。在 $0.01s^{-1}$ 时，抗拉强度下降了 43.67%，而在 $1000s^{-1}$ 时，抗拉强度仅下降了 13.89%。

（3）固态金属种类　不同种类的固态金属材料对 LME 的敏感性不同，这主要取决于材料的微观结构、化学成分以及晶界特性等因素。一般来说，高强度、高硬度的金属材料往往更容易受 LME 的影响，这是因为这些材料通常具有更细的晶粒和更高的晶界能，使得液态金属更容易沿着晶界渗透和扩散。此外，含有大量第二相粒子或夹杂物的材料也可能对 LME 更为敏感。因此，在选择和使用固态金属材料时，需充分考虑其对 LME 的敏感性。

（4）液态金属种类　液态金属的种类也是影响 LME 的重要因素之一。不同的液态金属具有不同的物理化学性质，如熔点、密度、表面张力等，这些性质会影响液态金属与固态金属之间的相容性。一般来说，熔点较低、流动性较好的液态金属更容易导致 LME 的发生。例如，汞、镓等低熔点金属在与铝、铜等固态金属接触时容易引发 LME。此外，液态金属与固态金属之间的化学反应也可能影响 LME 的发生。因此，在涉及液态金属与固态金属接触的应用中，需谨慎选择液态金属的种类。

（5）液态金属与固态金属的相互作用　液态金属与固态金属之间的相互作用是 LME 发生的核心机制之一。这种相互作用包括吸附作用、渗透作用以及可能的化学反应等。吸附作用会改变固态金属表面的物理化学性质，降低表面原子间的结合力；渗透作用则会使液态金属沿晶界或其他微观缺陷扩散到固态金属内部，弱化晶界结合力；化学反应则可能生成新的化合物或改变材料的化学成分和结构。这些相互作用共同作用于固态金属材料，导致其脆化并最终发生脆性断裂。

以第四代核能系统中的铅冷快堆中极易发生的液态铅铋致脆为例，作为液态金属致脆一种，有可能无预兆地导致堆芯结构材料发生快速脆性断裂，对反应堆的安全运行危害极大。有必要对其规律和机理进行系统深入研究。过去国内外主要围绕 T91 铁马钢（改良型 9Cr1Mo）这一候选材料开展研究。发现在一定条件下液态铅铋可造成伸长率、断裂韧度、疲劳寿命等力学性能的明显下降。相比在空气中拉伸所得的韧窝形断口，液态铅铋致脆断口以穿晶（准）解理为主要特征，并受应力 / 应变、温度、应变速率、液态铅铋中的溶解氧、中子辐照、试样的表面状态和热处理制度的影响。LME 的规律为：①在一定温度和溶解氧条件下，T91 发生液态铅铋致脆存在临界应力和应变，如 A.Hojna 等发现在 300℃、$3 \times 10^{-7} \sim 6 \times 10^{-6}$（质量分数）溶解氧时液态铅铋致脆发生的临界应力和应变分别为 645MPa 和 1.3%；②T91 液态铅铋致脆敏感性在 350℃附近时最大，超过 450℃则明显降低；③在致脆温度下，降低应变速率会提高 T91 的液态铅铋致脆敏感性；④降低铅铋中的溶解氧浓度和在贫氧液态铅铋中进行预浸泡，均会升高 T91 的液态铅铋致脆敏感性；⑤在致脆温度区间，中子辐照会加剧液态铅铋致脆效应；⑥表面粗糙度值越大，液态铅铋致脆敏感性也越高；⑦在较低温度下回火处理液态铅铋，其致脆敏感性会因硬度的提高而升高。

2.5　防止液态金属致脆的措施

以往的研究发现，耐蚀性和液态铅铋致脆都与铁马钢表面的氧化膜密切相关。氧化膜是化学/电化学腐蚀传质过程的关键介质。致密度高的氧化膜可以有效抑制传质过程，从而阻止材料的持续腐蚀。在 600℃液态铅铋、10^{-6}（质量分数）溶解氧条件下腐蚀 1000（h），T91 表面腐蚀产物膜为三层结构，外层为 Fe-Cr 尖晶石层，中层为富 Cr 氧化层，内层为氧扩散层，O 含量逐渐降低，总厚度为 20~25μm。引入 Si 被认为可以提高氧化膜的致密度、阻碍 Fe 离子从基体向表面的传输、明显减缓腐蚀速度。通过隔绝铁马钢与液态铅铋的直接接触，氧化膜能有效抑制 LME 的发生，如在腐蚀产物膜不发生破裂的服役条件下（应变速率低、总应变幅小、加饱和溶解氧），T91 在致脆温度下的疲劳寿命与真空环境相当。相反，失去了氧化膜的保护，T91 的液态铅铋致脆敏感性会大幅提升。在 Ar-5%H$_2$ 和液态铅铋环境中测试的 J-R 曲线如图 2-13 所示，与在空气中预制裂纹相比，在液态铅铋中预制裂纹（少了空气中形成的氧化膜）可使 T91 试样的断裂韧度大幅降低。纳米压痕研究表明，腐蚀产物膜的力学性能与应力腐蚀敏感性存在一定的关联性。类似地，J. Van den Bosch 等人在用纳米压痕测量铁马钢在液态铅铋中氧化膜的力学行为时发现：增加 T91 中 Si 和 Cr 的含量，会提升膜的硬度导致膜基界面容易开裂、进而提升液态铅铋致脆敏感性，图 2-14 所示为 T91 和 EP824 在 450℃饱和氧液态铅铋中成膜 1500h 后进行纳米压痕实验前后的光学显微图，可以观察到，磁铁矿层和尖晶石层可明显区分，实验后，EP823 沿尖晶石 - 基体界面出现裂纹，而 T91 样品上未发现裂纹。此外，氧化膜的破裂有可能造成基体表面裂纹形核。实际上，在没有氧化膜的情况下，铁马钢存在本征的液态铅铋致脆效应。

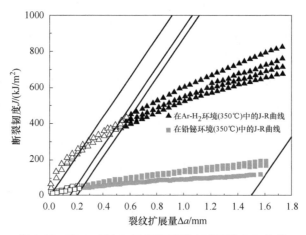

图 2-13　在 Ar-5%H$_2$ 和铅铋环境中测试的 J-R 曲线

综上，为了预防和控制液态金属致脆的发生，可采取以下措施：

（1）合理选材　选择固态金属材料时，应充分考虑其对 LME 的敏感性，避免使用高敏感性的材料。尽可能地选择容易迅速生成氧化膜的材料，以隔绝液态金属与固态金属构件的直接接触。

（2）优化工艺　在制造和加工过程中，应优化工艺参数，减少液态金属与固态金属的接触时间和接触面积，降低 LME 的发生风险。如细化晶粒可以有效促进氧化膜的形成。

（3）表面处理　对固态金属材料进行表面处理，如涂覆防护层、进行热处理、预氧化等，以提高其抗 LME 的性能。

（4）监测与检测　在使用过程中，应定期对设备进行监测和检测，及时发现并处理潜在的 LME 问题。

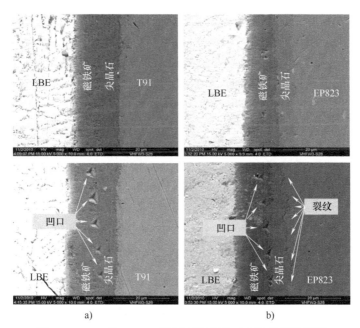

a)　　　　　　　　　　　　　b)

图 2-14　T91 和 EP824 纳米压痕实验对应的光学显微图

a）T91　b）EP824

第 3 章

高温合金的服役损伤及机理

在高温环境应用中，如燃气轮机、航空航天发动机等，高温合金一直发挥着重要作用。高温合金属于高性能金属材料范畴，它至少包含两种元素，并展现出卓越的高温强度、抗氧化性能、耐蚀性，以及出色的抗疲劳、抗蠕变、断裂性能和组织稳定性，是国防建设和国民经济发展不可或缺的重要材料。在医疗、航空航天和化学加工等行业的恶劣环境中有着广泛的应用。

3.1   高温合金简介

高温合金作为一种关键金属材料，起源于 20 世纪 40 年代，主要是为了满足航空喷气发动机日益增长的需求而研发的。随着发动机推重比的提升和燃气轮机功率的增大，发动机涡轮前的燃气温度也随之上升，这迫使发动机的核心部件必须能承受更高的工作温度。随着合金材料科学及制造工艺的不断进步，高温合金所能承受的温度极限在持续提升。

3.2   高温合金的种类

高温合金依据其构成元素不同主要分为铁基、镍基和钴基三大类。其中，铁基高温合金的成本相对较低，然而，由于其基于铁的固有属性，使得铁基高温合金的应用范围主要局限于较低温度的环境。钴基高温合金虽然在高温条件下表现出优异的特性，但其应用因成本较高等原因相比于镍基高温合金较为局限。

（1）铁基高温合金   铁基高温合金是以铁或铁镍为主要元素的合金。在我国，铁基高温合金是高温合金体系中的重要组成组分，我国正式生产的铁基高温合金达 20 多种，约占我国高温合金牌号总数的 17%。

铁基高温合金的适用温度相对较低，通常为 600 ~ 850℃，因此常被用于发动机中工作温度不高的部位，如涡轮盘、机匣和轴等组件。尽管其使用温度有限，但铁基高温合金在中温条件下展现出良好的力学性能，有时甚至能与同类镍基合金相媲美甚至更优。此外，由于价格更为经济且热加工时易于变形，所以铁基高温合金至今仍在中温领域被广泛使用，是涡轮盘、涡轮叶片等组件的材料的首选。

（2）钴基高温合金   钴基高温合金通常由 50% ~ 60% 的钴、20% ~ 30% 的铬以及

5%～10% 的钨（质量分数）组成，它是一种适用于高温环境（700～1100℃）的奥氏体高温合金。相较于铁基和镍基高温合金，钴基高温合金在高温条件下展现出更高的疲劳寿命和疲劳强度，同时还具备良好的耐蚀性。因此，它常被用于制造暴露在大气环境中的燃气轮机的一些关键零部件。但由于钴是贵金属，成本相对较高，这限制了钴基高温合金的推广。

（3）镍基高温合金　镍基高温合金的主要优势体现在其卓越的耐热性、高熔化温度、能在高温环境中维持其力学性能与化学稳定性，出色的耐蚀性、抗热疲劳、抗蠕变变形、抗侵蚀以及耐受热冲击的能力。与铁基和钴基高温合金相比较，镍基高温合金展现了更高的温度承受能力与组织稳定性，这些特性是其在高温合金领域内得以广泛应用的基础条件。镍基高温合金主要应用于航空发动机和燃气轮机的高温组件制造，如航空发动机的工作叶片、涡轮盘以及燃烧室等部件。目前，镍基高温合金在航空航天发动机材料中的使用量超过 50%。

3.3　高温合金的服役环境

高温合金一直是现代航空与航天发动机热端部件不可或缺的核心材料，是现代航空工业的基石。随着航空发动机涡轮入口温度的不断攀升，对高温合金的需求愈发迫切，不仅要求使用更优质的高温合金，就连原本可采用合金钢的部件，如压气机盘和叶片，也必须改用高温合金。因此，随着航空发动机技术的不断进步，高温合金在发动机中的使用比例持续上升，而非耐热合金钢的使用比例则相应下降。以 J79 发动机为例，高温合金的使用量仅占 10%，而非耐热合金钢的使用量高达 85%；而在 F100 发动机中，高温合金的使用量激增至 51%，非耐热合金钢的使用量则锐减至 11%；到了第三代歼击机用发动机 F110，高温合金的使用量更是进一步提升至 55%，这充分突显了高温合金在航空发动机中的核心地位。

近几年，高温合金的应用逐渐发展到民用领域，如石油化工、电力、汽车、核能等多个工业行业，覆盖了工业用燃气轮机、蒸汽轮机、车用涡轮增压器、石油化工能源转换装置等，正在逐步替代传统的不锈钢。

从需求分布来看，全球高温合金主要应用于航空航天市场，占总使用量的 55%，其次是电力领域，占 20%，机械领域，占 10%。在航空发动机的成本构成中，原材料约占 50%，而高温合金作为原材料的主要组成部分，其占比高达材料成本的 36%。

高温合金服役条件苛刻，包括 600～1200℃ 的高温、氧化和燃气腐蚀环境，以及复杂的应力状态（如蠕变、高低周疲劳、热疲劳等）。因此，高温合金不仅需要具备出色的承温能力、抗氧化性、耐热腐蚀性、抗疲劳性以及断裂韧度和塑性，还必须拥有良好的组织稳定性和使用可靠性。这意味着，只有不断发展和改进高温合金的成分和工艺，提升其应对严苛服役环境的能力，才能确保航空航天用发动机和工业燃气轮机等领域的持续发展。

3.4　高温合金的蠕变损伤及机理

蠕变是指在恒温恒应力条件下试样缓慢变形的现象，蠕变强度是高温合金的关键性能指标。蠕变过程通常划分为三个阶段：首先是初期蠕变阶段，在这个阶段，蠕变速率起始时非常高，但随着时间推移，由于加工硬化效应，蠕变速率会逐渐减小；接着是稳态蠕变阶段，此时加工硬化与回复软化现象达到了一种动态平衡状态，蠕变速率保持相对稳定；最后是加速蠕变阶段，在该阶段空洞连结，裂纹迅速扩展并最终造成试样的断裂。典型蠕变曲线如图 3-1 所示。

蠕变的变形机制与多种因素有关，如温度、应力、晶界数量、第二相体积分数、形状、尺寸和类别等有关。下面介绍几种常见的蠕变变形机制。

（1）扩散蠕变机制

1）Nabarro-Herring 纳巴罗 - 海林蠕变。如图 3-2 所示，在受到外加应力的作用时，不同方向晶界上的空位平衡浓度会出现差异，这些空位通过晶粒内部从受拉晶界扩散到受压晶界，造成试样沿应力方向的变形。这种类型的扩散蠕变现象，主要发生在高温且应力较低的环境下。

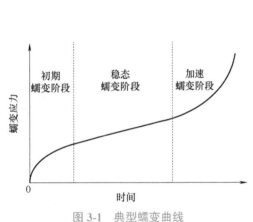

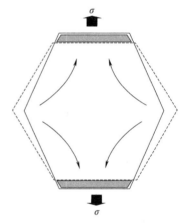

图 3-1　典型蠕变曲线　　　　图 3-2　Nabarro-Herring 蠕变示意图

2）Coble（科布莱）蠕变。在相对较低的温度和较低的应力条件下，位错运动变得困难，同时空位在晶粒内部的扩散也变得不易，因此，空位更倾向于沿着晶界进行扩散，这种现象称为 Coble 蠕变。

对于晶粒细小的金属，扩散蠕变尤为重要，大量晶界会加剧扩散蠕变，恶化蠕变性能。

（2）位错运动机制　合金中的第二相能够有效阻碍位错的运动，进而对合金的变形行为产生影响，它是高温合金实现强化的重要手段之一。通常，第二相与位错的交互作用可以归纳为三种主要机制：位错攀移机制、Orowan（奥罗万）绕过机制和位错切割机制，不同的机制会产生不同的显微组织，如反相畴界（APB）、层错（SF）、位错环或微孪晶（micro-twin）。

图 3-3 所示为镍基盘状合金变形机理图。

1）位错攀移机制。在较高温度和较高应力下，位错可以攀移形式通过第二相粒子，位错攀移是扩散过程，高温会提高空位的扩散速率，同时，较高应力可以为位错攀移提供足够的驱动力。

2）Orowan 绕过机制。如图 3-4 所示，当位错遇到不可变性的第二相粒子时，位错无法直接切过第二相粒子，而会采用绕过的机制通过第二相粒子，并在第二相粒子附近形成位错环，这种机制称为 Orowan 绕过机制。绕过机制的效果与第二相粒子的性质和分布有较大联系，颗粒尺寸、间距越小，Orowan 机制的强化作用越强。

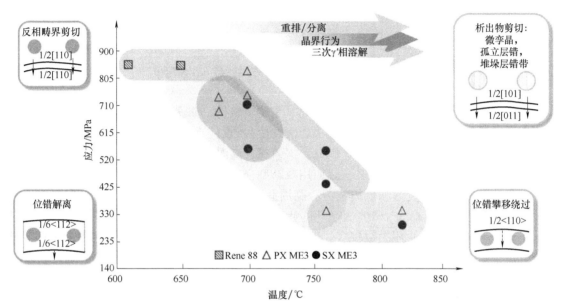

图 3-3　镍基盘状合金变形机理图

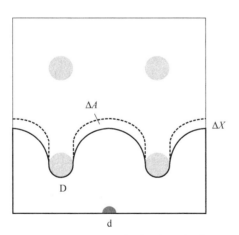

图 3-4　Orowan 绕过机制示意图

3）位错切割机制。根据位错切割第二相粒子的不同方式，会形成不同的微观结构，如 $\frac{1}{2}$<110> 位错成对切过第二相粒子时，会在两位错间形成反相畴界（APB）；$\frac{1}{2}$<110> 位错在 γ/γ′ 界面分解为不全位错并切入第二相粒子中时，会形成层错（SF）；多个 $\frac{1}{6}$ [11$\overline{2}$] 不全位错沿着 (1$\overline{11}$) 面切过并发生原子重排后，可形成微孪晶（micro-twin）。

蠕变的断裂一般为沿晶断裂。低温高应力下，两相邻晶粒可沿同一晶界发生不同方向的相对滑动，在三叉晶界处形成应力集中，若该应力集中被晶界迁移或晶内变形所消解，则不会形成裂纹，否则将导致三叉晶界处楔形裂纹的产生，裂纹扩展造成高温部件断裂。在较低温度和较高应力下，蠕变裂纹通常分散在晶界各处，尤其是垂直于拉应力的晶界，此类裂纹成核一方面来源于晶界滑动在第二相粒子处受阻，另一方面来源于位错运动产生的空位向晶界移动聚集。

3.5 高温合金的疲劳损伤及机理

在高温环境中服役的高温合金部件，尤其是旋转组件，如涡轮叶片与涡轮盘，频繁地承受周期性的负载作用。此类高负荷条件极易诱发疲劳断裂，对航空发动机及燃气轮机造成重大损害，进而引发巨大的经济损失。因此，深入探究高温合金的疲劳行为机制、疲劳裂纹的初始形成与扩展规律，对于推动其实际应用及新型合金的开发具有举足轻重的实际意义。

常见的疲劳有高周疲劳和低周疲劳。高周疲劳（也称高循环疲劳或应力疲劳），这种疲劳破坏现象是指疲劳寿命大于 10^5 次循环的疲劳破坏现象。其特点在于零部件所受的疲劳应力水平较低，所经受的循环次数较多。低周疲劳（也称低循环疲劳或应变疲劳），它发生在疲劳寿命小于 10^5 次循环的情况。低周疲劳的显著特征是在较高的应力水平下，构件仅需经历有限的循环次数就会发生失效。在不同环境下，具体的主导损伤机制会根据材料的种类以及所承受的负载条件而有所不同。

疲劳损伤是一个逐渐累积的过程，通常包括裂纹萌生、裂纹扩展和最终失效三个阶段。

1）裂纹萌生。在高温合金材料中，疲劳裂纹常起源于驻留滑移带（PSB）、表面夹杂物、晶界及其内部的碳化物，以及宏观和微观应力集中的缺陷部位。当材料处于高温和应力共同作用的环境中，这些区域会发生微观结构的变化，如晶界的弱化或相变等，进而导致裂纹的产生。由于高温下高温合金的晶界强度相较于晶内更低，疲劳过程中位错会在晶界处累积，引发应力集中并导致晶界开裂。因此，晶界通常是疲劳裂纹萌生的主要区域。晶界取向差会影响裂纹在晶界萌生的倾向，对于等轴晶高温合金，其疲劳裂纹更容易在垂直于应力轴的晶界上萌生。

2）裂纹扩展。裂纹一旦萌生，就会在应力的持续作用下逐渐扩展。高温合金的裂纹扩展往往与材料的显微组织密切相关，如晶界开裂、晶内蠕变和氧化等现象都会加速裂纹的扩展。裂纹的扩展路径可能受到材料内部微观结构、应力分布以及温度梯度等多种因素的影响。

3）最终失效。当裂纹扩展到一定程度时，材料的承载能力将大幅下降，最终导致材料的失效。失效形式可能包括断裂、塑性变形、磨损等多种类型。

疲劳寿命的主要影响因素如下：

1）应力振幅和载荷时间。应力振幅和载荷时间是影响高温合金疲劳寿命的两个重要因素。应力振幅越大，载荷时间越长，疲劳寿命越短。应力循环的频率对疲劳寿命的影响并不显著，然而，当频率过低，如低于 60 次 /min 时，可能会导致疲劳寿命有轻微的下降。

2）温度。温度对高温合金的疲劳行为有显著影响。随着温度的升高，材料的蠕变强度会下降，蠕变损伤随之加剧，导致疲劳损伤的累积速度加快。温度对高温合金高周疲劳的影响尤为明显，在较低温度下疲劳强度高，而随着温度的升高，疲劳强度逐渐降低。图 3-5 展示了 FGH97 合金在不同温度条件下的疲劳裂纹扩展情况，其中，a 代表裂纹长度，N 代表疲劳寿命，c 代表循环次数，ΔK 为应力强度因子。从图中可以清晰地看出，温度的变化对疲劳行为有着巨大的影响：温度升高导致疲劳寿命减少，同时疲劳裂纹增长率（FCGR）趋于加快。

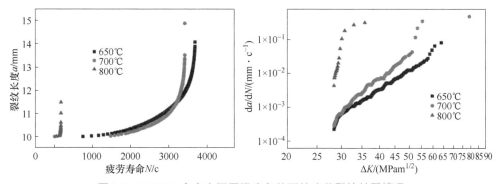

图 3-5　FGH97 合金在不同温度条件下的疲劳裂纹扩展情况

3）微观结构。材料的微观结构，如晶粒大小、相组成、析出相分布等，都会影响其疲劳性能。细化晶粒和均匀分布的析出相有助于提高合金的疲劳寿命。

4）环境介质。在高温环境中，材料可能会与环境介质发生反应，如氧化、腐蚀等，这些反应会改变材料的表面性质，进而影响其疲劳性能。

3.6　高温合金的热腐蚀损伤及机理

高温合金的热腐蚀现象是指，当熔盐覆盖于高温合金表面时，会破坏其原有的氧化物保护层，进而加速基体金属的腐蚀过程。这些熔盐主要由燃料中的硫、钠等杂质与空气中的氧气反应形成。热腐蚀的类型多样，包括碳酸盐、硝酸盐、氢氧化物、氯化物以及硫酸盐等多种形式的热腐蚀，其中，硫酸盐热腐蚀在高温合金中尤为普遍。下面以硫酸盐热腐蚀为例，介绍热腐蚀机理。

热腐蚀损伤在沿海及海洋环境的燃气轮机中最为常见。这是因为燃料燃烧产生的 SO_2、SO_3 与空气中的氧和 NaCl 反应生成 Na_2SO_4 并沉积在部件表面，对于热腐蚀损伤的机理，目前存在四种主流模型：酸 - 碱熔融模型、硫化 - 氧化模型、电化学模型以及低温热腐蚀模型。

（1）酸 - 碱熔融模型　酸 - 碱熔融模型在 20 世纪 70 年代被提出，其引起的热腐蚀过程示意图如图 3-6 所示。根据氧化膜和熔融盐发生的反应不同，热腐蚀过程分为酸性熔融模型和碱性熔融模型。

1）酸性熔融模型。当高温合金中包含对 O^{2-} 具有较强结合能力的金属元素时，如 Mo、W、V，这些元素的氧化物会与 Na_2SO_4 中的 O^{2-} 发生化学反应，生成 MoO_4^{2-}、WO_4^{2-}、VO_4^{2-} 等离子，这些离子会朝向熔盐与气体的交界界面扩散。这一过程导致熔盐与合金之间的界面呈现出酸性特征。同时，氧化膜分解产生的阳离子，如 Ni^{2+} 和 Al^{3+}，也会向这一界面扩散。由于 Mo、V、W 的氧化物具有较高的蒸气压，MoO_4^{2-}、WO_4^{2-}、VO_4^{2-} 等离子在熔盐与气体的交界界面会释放出 O^{2-}，这些 O^{2-} 随后与扩散至此的 Ni^{2+} 和 Al^{3+} 离子反应，生成一种疏松且多孔的氧化物，进而破坏了原有的氧化膜。

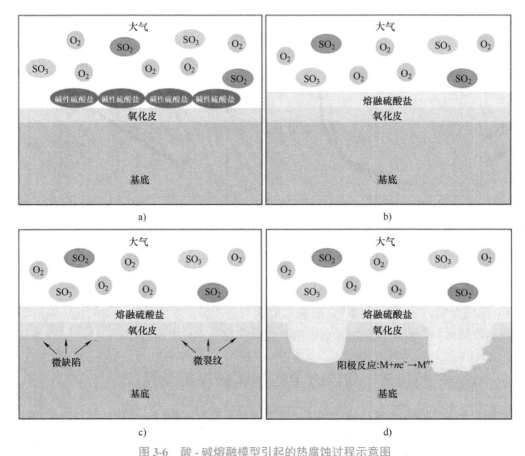

图 3-6　酸 - 碱熔融模型引起的热腐蚀过程示意图

a）硫酸盐颗粒的附着　b）硫酸盐膜覆盖氧化物表面　c）出现微缺陷和微裂纹　d）产生点蚀

2）碱性熔融模型。金属中的合金元素与 SO_4^{2-} 离子发生反应，生成 MS、MO（M= 合金元素）和 O^{2-} 离子，使熔盐 / 合金界面形成碱性环境，MO 与 O^{2-} 反应生成的 MO_2^{2-} 离子向熔盐 / 气体界面扩散，并在此界面分解释放 O^{2-} 离子，析出疏松多孔的 MO，破坏了原有氧化膜。

（2）硫化 - 氧化模型　硫化 - 氧化模型于 20 世纪 50 年代被提出，该模型认为硫酸盐热腐蚀分为两个步骤：

1）将硫从硫酸盐中还原出来，并与合金元素反应生成硫化物，生成的硫化物与合金接触生成液态共晶。

2）液态共晶穿过氧化膜，与氧化物中的氧分子反应，释放出硫化物，该硫化物与金属基体的合金元素再次结合成为液态共晶。

上述两个步骤持续发生，造成合金的损耗。

（3）电化学模型　液态熔盐能充当电解质，在合金的表层引发电化学反应。在这一反应中，阳极上发生的是金属的溶解过程，而阴极上进行的是多种氧化剂被还原的反应，其整个反应流程与在水溶液中发生的电化学反应颇为相似。

（4）低温热腐蚀模型　通常，把发生在 Na_2SO_4 熔点（844℃）以上温度范围内的热腐蚀称为高温热腐蚀，而 Na_2SO_4 熔点以下的热腐蚀称为低温热腐蚀。前面提到的三种模型都是针对高温热腐蚀的情况。当氧化膜与气氛中的 SO_3 反应，会生成硫酸盐，这些硫酸盐与 Na_2SO_4 结合形成共晶盐，由于共晶盐的熔点相对较低，因此在试验温度条件下会形成熔融盐。在这种情况下，前面提到的三种高温热腐蚀模型同样可适用于描述低温热腐蚀的现象。

3.7　高温合金的其他损伤及机理

（1）高温碳化　在高温条件下高温合金与碳元素的相互作用称为高温合金的碳腐蚀或碳化过程。在石油化工、煤气化技术及热处理炉等工业领域，铁基、镍基高温合金及耐热钢材得到了广泛应用。这些合金所制成的部件、容器、炉管以及热交换装置，往往会置身于富含碳元素的环境中，尤其是当 CO 和 CH 等气体处于过饱和状态时。在这样的条件下，碳原子会与合金中的金属原子结合，生成如 MC 型的碳化物。随后，这些碳化物会在 MC 表面发生沉淀与分解，导致金属粉末析出（即金属粉化）。与此同时，释放出的碳会继续渗透到合金内部，从而驱动碳化反应的进一步循环进行。

在航空发动机或燃气轮机的运作中，若燃料因特定条件导致燃烧不完全，其残留物会在火焰筒内壁积聚，形成积碳层，进而引发碳侵蚀，这与上述高温合金的碳化过程相似。在此过程中，碳原子倾向于与合金中的铬（Cr）元素结合，生成碳化铬（CrC），而碳化铬周围形成的铬贫化区域则极易遭受严重氧化作用，最终导致合金性能衰退乃至失效。

回顾我国 20 世纪 50 年代的航空工业发展历程，于航空发动机试车阶段，采用国产航空煤油作为燃料时，研究人员观察到 GH3030 合金材质的燃烧室内壁出现了典型的坑状点状腐蚀迹象。深入分析后确认，这些腐蚀现象源于燃烧室内燃油燃烧不充分，导致燃烧室壁面区域积碳累积，进而加剧了合金表面的化学侵蚀与结构损伤。

在石油化工产业的碳化作业环境中，HK40 及 800 系列铁基耐热钢或相应的高温合金材料被广泛使用。此类合金成分特征鲜明，包含 20%～25% 的铬（Cr，质量分数，下同）与 20%～35% 的镍（Ni），当它们暴露于（CH+H_2）混合气体氛围中时，将触发碳化反应机制，促使内部碳化物的生成。碳化物的具体类型，如 M_2C、MC 以及 M_6C_3，则依据气体中碳的活度差异而有所不同。值得注意的是，对于 Cr 含量极高的合金，还会额外生成 CrC。上述碳化过程往往伴随合金性能的劣化。

鉴于碳化腐蚀速率的核心影响因素是碳在合金中的溶解程度及其扩散速率，因此，碳化现象主要集中于 1000℃ 以上的高温区域。为有效应对此问题，镍基合金如 600H 与 602CA 成了更为理想的选择。此外，在合金中适量添加硅（Si）元素，通过降低碳的溶解度和扩散速率，能够显著提升材料的抗碳化能力，从而延长其使用寿命。

（2）高温硫化　高温合金涡轮叶片在航空发动机及工业燃气轮机的燃气环境中服役，

该环境富含 O_2、H_2O、SO_2 及 S 等成分，导致叶片在高温条件下需同时抵御氧化与硫化反应的侵蚀。在现代技术的众多应用场景中，金属材料经常需要暴露在高温且含有硫的环境中，如煤的转化处理过程。在此过程中，金属材料面临的高温硫化腐蚀问题，比单纯的氧化腐蚀更为严重和复杂。环境硫分压的高低决定了腐蚀类型的偏向：低分压时，以金属氧化为主；而足够高的分压则促进金属硫化物的生成。若两者分压均处适宜区间，则合金表面会同时覆盖氧化物与硫化物层。例如，空气与 H_2S 以 1:1 的比例混合，且温度达到 1100℃ 的条件下，Nimonic80A 合金会遭受显著的硫化腐蚀。此外，作为高温合金涂层材料的 Ni-Cr-Al-Y 合金，即便在富氧燃气中仅含 0.055% 的硫，也会经历剧烈的氧化-硫化复合腐蚀，其表面形成的非均质厚膜由氧化物与硫化物混合构成，此膜层并不具备有效的防护作用。图 3-7 所示为 T91 耐热钢在高温烟气中服役 67000h 后的横截面形貌图，可以看出有两个氧化物层，外氧化物层主要为铁氧化物，伴有 S、Ca、Al、Si，内氧化物层为 Fe-Cr 氧化物。在内氧化物层内，还有一富硫带，表明其受到氧化和硫化的双重侵蚀。

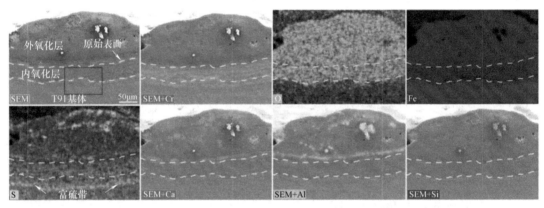

图 3-7　T91 耐热钢在高温烟气中服役 67000h 后的横截面形貌图

（3）高温氮化　在高温环境下，合金若暴露于含有氨或其他氮形态的气氛中，容易发生氮化反应，特别是在低氧势的还原条件下，氮化趋势更加明显。在这一过程中，合金会从周围气氛中吸收氮元素，当氮的浓度超过合金内部的溶解极限时，氮化物就会在基体材料及其晶界附近析出，进而使合金的脆性增大。氮化物的生成量由温度、气氛的组成以及合金自身的成分等多个因素相互作用的结果。

值得注意的是，镍基高温合金通常展现出较强的抗氮化能力。例如，Nimonic80A 合金在含有 43% 水蒸气及 1.5%~2.5% 氨气的湿润离解氨环境中，即于 815℃ 下持续暴露 4770h，也未见明显的晶间腐蚀或显微组织变化，验证其优异的抗氮化性能。相比之下，铁基合金如 Incoloy800H，在 1000℃ 的高温条件下，则可能因内部氮化作用而导致韧性显著下降。

（4）卤化　在极端高温条件下，金属及其合金与卤素气体发生化学反应，生成具有高挥发性的金属卤化物，这一过程使金属材料面临严峻的腐蚀挑战。其显著特征在于反应产物的低熔点与高蒸气压，阻碍保护性产物膜的形成，且反应动力学遵循直线增长规律。

鉴于当前城市垃圾处理问题的紧迫性，将废弃物转化为资源，如通过垃圾焚烧发电，已成为一种重要途径。然而，垃圾中的 PVC 塑料及无机盐成分富含氯元素，在固体垃圾焚烧过程中会释放出氯、氯化氢等腐蚀性气体。这些气体对由耐热钢或高温合金制成的焚烧炉反应容器、煅烧设备及过热器管道构成了严重威胁，常导致氯化腐蚀，进而引起设备损坏。

因此，研发具备优异抗卤化腐蚀性能的高温材料尤为重要。在此背景下，合金如Incoloy600H、Incoloy625 以及 Aloy45-TM 等，均展现出良好的抗卤化腐蚀能力，成为应对此类腐蚀环境的理想材料选择。

第 4 章

金属材料辐照损伤与机理

4.1 辐照损伤的研究历史

在 1815—1914 年间，Berzelins 与 Hamberg 等人发现硅铍钇矿石蕴含潜能可得到释放，而后他们确定硅铍钇矿石释放潜能的根本原因是放射性衰变粒子产生轰击造成的辐照效应。在 20 世纪初，辐照效应的研究与应用均集中于射线与生物或探测器的相互作用。随着技术的逐渐成熟，人们开始建造高能加速器，探索高能粒子以及射线与物质的相互作用。20 世纪中期，全世界第一座核裂变形式的反应堆建成，随之人们对辐照效应的研究范围逐渐扩大。反应堆问世后，美国首先将核反应所释放的巨大能量应用于军事装备中，他们利用 U-238 转化为 Pu-239 的方式成功研制出原子弹，后续他们又将核动力作为能量源研制出了核动力潜水艇。在对反应堆材料辐照效应的研究中，他们发现由于金属铀、石墨存在各向异性才导致其辐照生长和潜能的释放，而在潜能释放过程中这些金属将受到辐照损伤进而导致失效，这就直接威胁到反应堆的安全运行及成败。20 世纪五六十年代，反应堆由军事服务向其他领域延伸，并且建立大量的核电反应堆用于社会生活、生产的工业发电供给。在 1946 年，著名科学家 Fermi 指出，应用核技术的成功与否极大程度上取决于材料在反应堆环境中强辐照场下一系列的行为。在后续几十年中，针对反应堆的研究都证实了 Fermi 的论断。不仅是 Fermi，科学家 E. P. Wigner 也意识到反应堆中的快中子辐照后的晶体材料原子产生显著的离位，进一步影响反应堆材料的服役性能，进而威胁反应堆的服役安全。所以，反应堆材料的辐照损伤问题逐渐成为新的研究重点。

第二次世界大战期间，美国在制造原子弹时，科学家们利用粒子加速器做了大量的材料辐照损伤实验研究，在此基础上积累了很多有关材料辐照损伤的数据。1954 年的日内瓦会议指出，要和平利用核能，至此核能在工业发电领域迅速得到发展，而反应堆用材料的辐照损伤研究引起科研人员广泛的关注。1966 年，科学家们首次观察到了材料中辐照空洞的存在。并在 1973 年首次发现在辐照作用下材料内部产生了合金元素偏析的现象。

20 世纪 50 年代，科学家已经开始利用辐照实验去研究晶体缺陷。在 20 世纪 60 年代后，因为当时研究技术不成熟以及材料辐照损伤行为的复杂性，所以针对辐照损伤的研究工作处于停滞阶段。而在辐照损伤的整个过程中，围绕辐照损伤第三个阶段（回复阶段）的研究，一直存在很多的争议。直到 20 世纪 70 年代，一大批新型表征技术，如 X 射线探测技术、正电子湮灭、超高压电子显微镜等表征手段的不断兴起与更新迭代，对辐照损伤研究中针对晶体缺陷的新实验手段产生了极大影响，使得科学家们针对辐照损伤的第三个阶段的争议也得到了根本解决。

在辐照损伤理论研究方面，卢瑟福（Rutherford）最先建立了 α 射线散射理论，为后面对材料的离子辐照损伤理论研究奠定了基础。20 世纪 30 年代，以哥廷根（Goettingen）学派为主的科学家们，将射线辐照损伤与材料晶体的缺陷紧密联系到一起。在后续的研究中，波尔理论于 1948 年被发表，并被认为是离子辐照损伤的基础。到 1952 年，辐照损伤中的级联碰撞理论〔以金钦皮斯（Kinchin-pease）模型为主〕被科学家们所发表。直到 1955 年，关于辐照损伤的古典理论体系基本已经完成。Lindhard 等人在此基础上于 1963 年提出了一个统一理论，为后续辐照损伤计算研究的准确性的提升奠定了坚实的基础。随着计算机科技的飞速发展，科学家们开始利用大型计算机对辐照损伤进行更为深入的研究，取得显著的工作进展。截至目前，在关于辐照损伤的大量研究成果中，很多的研究成果为核反应堆的设计提供了极大的帮助。然而，反应堆材料的辐照损伤研究领域中仍存在很多问题尚未得到解决。人们对于辐照损伤的认识还处于一个较为初级的阶段，对其更深一步的认识还远不够，因此，目前对核反应堆的材料设计和安全运行也不得不采取更为保守的方式进行。在具有更高安全系数的轻水堆核电站中，为了时刻监测到反应堆中关键部件压力容器材料辐照产生的脆化情况，核电站的相关工程技术人员只能将相同的材料放置于反应堆内部的对应位置，然后定期取出，进行材料性能变化的观察与测试，最后将记录的数据作为判定反应堆压力容器材料服役期间可靠性的依据。若取出的材料发生较为严重的脆化现象，则需要工作人员降低反应堆的工作运行功率，极端状况下就不得不将反应堆进行停堆，以保障核电站的运行安全。

综上所述，在对材料辐照损伤理论的研究中，仍存在很多问题需要解决。例如，在核电站实际工程中必须明确模拟辐照的各类参数的边界值。基于对辐照设备装置的限制，目前，针对高能中子的辐照损伤研究数据仍严重不足，离子辐照实验与中子辐照损伤的对应关系也存在大量的未知情况。在对反应堆金属材料辐照损伤机理的研究中，材料晶体学因素以及其粒子碰撞损伤函数等研究也是目前需要继续研究的课题之一。目前，针对辐照理论方面的研究包括金属物理和固体物理两个方面的理论基础，但是在理论基础研究方面也需针对不同的反应堆类型不断地进行更新与完善。例如，针对目前的反应堆用的多种新材料，不同材料内部的辐照小空位团的结构和特性、体心立方晶体和密排六方晶体结构材料中间隙原子的结构和特性也存在很多问题，并且在对于一些反应堆材料的辐照间隙原子与材料的结构缺陷的相互作用仍缺乏理论上的证明。对于反应堆材料的辐照级联过程的分析研究，现仍旧处于计算机模拟研究阶段，很难从实验测试中获得直接的证据，这也是未来需要发展辐照损伤测试技术的另一大难题。

4.2　中子辐照

目前运行的反应堆中，包括商用反应堆以及实验堆，其堆芯区域为一个极高强度的中子发射源，因此，这个区域的反应堆构件用材料受到强烈的中子辐照损伤作用。随着距离堆芯区域越远，反应堆中的二回路与三回路用材料相较于一回路所遭受的中子辐照损伤作用逐渐减弱。除此之外，反应堆中各个回路中的构件材料不仅受到中子辐照损伤强弱的影响，随着反应堆服役时间的逐渐增加，其遭受的中子辐照损伤程度也越来越严重。中子产生的辐照损伤通常被定义为注入的载能中子与被辐照材料的靶原子相互作用，并以能量守恒的方式将中子本身含有的能量传递给靶原子。在中子与靶原子的整个碰撞过程中，会有一个碰撞时间的先后顺序，并且碰撞过程并不是单一的，而是由很多子过程组成。首先，在碰撞过程的初级阶段，注入的载能中子像被辐照的靶材料晶格原子进行一定能量条件下的碰撞；在初级碰撞过程中，当载能中子的注入能量高于靶材料晶格原子的离位能时，被辐照材料的晶格原子会被注入的载能中子撞击，产生移位离开它原有的正常位置；而初级移位的晶格原子将继续以一定的能量运动，并继续与其他正常的晶格原子相互碰撞，直至能量逐渐降低无法再产生晶格原子离位。在整个中子与靶材料晶格原子的持续碰撞过程中，产生了更多的离位原子，并且产生了更多的级联碰撞。最后注入的载能中子会停留在材料内部成为一个稳定的间隙原子。中子辐照诱导材料缺陷的过程示意图如图4-1所示，中子辐照导致材料内部形成了众多点缺陷（间隙原子、空位等）、线与面缺陷（间隙原子与空位演化而成的位错线、位错环等）及体缺陷（空洞、层错四面体等）。以上为注入的载能中子的能量高于晶格原子的离位能的情况，当注入的载能中子能量低于晶格原子的离位能时，注入的载能中子就会反弹到材料表面，又或者被其他靶材的晶格原子所阻挡而停滞，此种情况下，注入的载能中子作为一个间隙原子稳定地处于材料的近表面区域。辐照损伤的整个过程时间较短，整个过程的维持时间大约为几秒。又因为注入的载能中子导致晶格内部形成间隙原子与空位的形成能与迁移能差别很大，间隙原子因迁移能较低且迁移速度较快而导致其被材料内部的其他缺陷捕获而湮灭，最终导致较少的剩余缺陷。反之，形成的空位具有较高的迁移能，一旦形成便很难迁移，导致材料内部的空位型缺陷较为稳定。

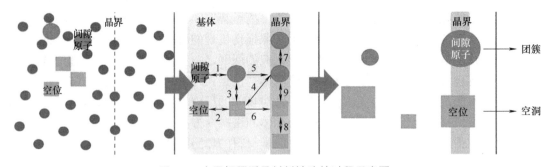

图 4-1　中子辐照诱导材料缺陷的过程示意图

反应堆中的实际辐照效应是一个长时间累积的效果，不仅如此，中子对核反应堆环境的冷却剂还会产生的辐照嬗变效应，导致冷却剂（水）发生辐照分解，嬗变反应针对核燃料或某些金属元素，产生更多的嬗变反应产物，整个过程异常复杂。由于反应堆中各个部件与堆芯之间的距离不同，并且中子的辐照方向以及在冷却剂中的放射性能均是多变的，所以针对辐照损伤程度的规定需要用一个统一的标准来衡量。科学家们为了解决这个问题，利用对材料内部的平均移位原子数（displacement per atom，DPA），即材料内平均每一个原子所经历的移位次数，作为单位来描述粒子与物质碰撞造成的移位损伤过程。相关文献已表明，对于压水式反应堆的堆芯材料，当服役时间达到 40 年时，材料所遭受的辐照损伤程度在 100DPA（displacement per atom，原子平均离位）左右，即平均每个原子都从其原始晶格位置移位 100 次。因为如此剧烈的辐照损伤会导致材料结构产生极其危险的变化，所以目前服役中的反应堆核电站在中后期期间均产生了大量的核泄漏事故。

除了目前的核电站反应堆所用的裂变堆型外，聚变堆所产生的能量要远高于裂变堆的产能，然而，聚变堆所产生的辐照损伤作用也要高于裂变堆。因此，科学家们在对聚变堆的研制过程中，也要求材料具有更高的耐辐照损伤性能。因此在未来裂变堆及聚变堆中关于材料抗辐照损伤问题的研究就显得极其重要。目前，中子辐照对材料损伤的探究主要包括几种数据来源：①利用实验堆和其他中子源进行材料的中子辐照和利用反应堆上使用过的材料进行分析。虽然使用中子辐照可以很好地模拟实际反应堆中的辐照影响情况，但是中子辐照后的材料含有较高的放射性以及需要昂贵的后期处理费用等，为后期的材料损伤研究带来了极大的不便；②利用其他带电粒子模拟中子辐照损伤实验，以获得相关的材料辐照损伤数据，这一点已经被相关研究人员证实。

4.3　电子、质子及重离子辐照

虽然实际核反应堆中服役的材料遭受的辐照损伤为中子，但是中子辐照实验时间较长，后期对辐照样品进行放射性处理时会需要高昂的费用，不仅如此，对样品进行中子辐照时，因为无法灵活对辐照的参数进行更改，所以中子辐照实验实施起来非常复杂。因此，科学家们利用其他粒子去代替中子，进行辐照损伤实验的研究。离子是指原子由最初的不带电性的原子失去或得到一个或几个电子使其最外层电子数充满（s 轨道充满为 2 个电子，其余 p 与 d 轨道充满为 8 个电子），导致整个原子呈现稳定结构。通常情况下，用于模拟中子辐照的离子多为失去电子的金属阳离子，极少数研究人员利用电子进行辐照实验。利用带电粒子去模拟中子辐照的关键问题是带电粒子具有一定的带电性。将这些带电粒子注入材料中时，除了要考虑不同半径的粒子核阻止本领外，还需要考虑其带电性产生的电荷阻止本领。在利用带电粒子模拟中子辐照时，需采用离子加速器对不同带电性粒子进行初始能量的施加，使离子加速运动并涌入被辐照的材料内部。目前，离子加速系统的主要构成单元包括粒子源（包括电子、质子、重离子等）、真空环境腔室、导引系统、聚焦系统等。在整个离子加速系统中，粒子源的作用为提供不同种类的粒子源；真空环境腔室除了为粒子提供真空环境，防止其在高温下发生氧化外，还需要提供一定的加速。导引系统的作用是提供一定的电磁场来引导并约束被加速的粒子束，使之沿预定轨道接受电场的加速。根据现有的研究，利用重离子模拟中子产生的级联碰撞更合适，可以在最大限度上模拟中子产生的辐照损伤效应。然而，重离子存在一个致命的缺点，即重离子的半径要远大于中子并且携带有电性，所以当其注入材料内部时，材料所产生的强大阻止本领使辐照损伤的深度极其有限。这样一来，辐照后的样品就很难进行后续的一系列性能的表征。电子辐照的粒子源很普遍，利用透射电子显微镜就可以实现。但是透射电子显微镜的加速电压并不高，也无法对辐照的样品产生有效的辐照损伤效应。相较而言，质子辐照相比其他两种粒子辐照具有更好的模拟中子辐照损伤的优势。通过对比中子以及其他带电粒子辐照的这些特点，带电粒子辐照尤其是质子用于模拟中子辐照去研究材料的辐照损伤效应。据此，美国材料与试验协会也制定了相应的技术标准，并认为利用带电粒子模拟中子辐照损伤去研究材料的辐照损伤效应具有可行性。

4.4　反应堆关键结构材料的辐照损伤行为

据统计，全世界目前一共有 440 多个商用核电站正在运行，其发电总量占据全球的 15% 左右。理论上，核反应堆的设计服役寿命为 40 年，目前所在役的核电站已经运行超过了 20 多年。虽然理论上核电站的设计服役寿命为 40 年，但是为了取得更高的经济效益，都会逐渐延长核电站反应堆的服役时间。而为了实现核反应堆的服役时间的安全延长，就需要在反应堆设计阶段选择具有优异服役性能的反应堆用材料。只有充分了解新型核电用材料的服役性能，才能保证核反应堆能够一直安全和经济地运作。从核电站的长远发展来看，材料的不断更新以及反应堆体系的升级是未来的主要发展方向。未来的反应堆会向温度更高、效率更高的堆型发展，成为第四代的反应堆堆型。而在反应堆体系上，需要采用更简单、可靠、小型化的安全系统，包括充分对铀燃料利用的快速反应堆。对未来的新型反应堆用材料的要求就是要具备耐高温以及耐强辐照损伤等能力。在反应堆中，因为整个反应堆分为多个回路，所以在对反应堆各个构件材料的选择上就有很大差别。辐照会要求某些部件用的合金材料具有特定的性能，这会导致选择的合金性能发生转变（如微观结构的演变，力学性能等）以及与中子之间较好的相容性。目前在役的核电站有很多种，包括轻水堆与重水堆。压水式反应堆核电站中不同构件常用的金属材料类型，如图 4-2 所示，压水式反应堆包括三个回路，一回路为堆芯区域，遭受强烈中子辐照损伤，二回路与三回路的材料服役环境比一回路稍微缓和一些。因此，因每个回路中环境条件的不同，故对其材料的选择也大相径庭，使用的主要结构材料包括锆合金、镍基合金及不锈钢等。

（1）锆合金　在反应堆堆芯区域，材料要遭受到中子的强烈辐照损伤作用。而锆合金在这方面具有独特的性质，故被选用于核能材料。锆合金具有较低的中子俘获截面，并且在高温水环境中也表现出良好的服役性能，所以锆合金被用作轻水反应堆中的燃料包壳材料。除此之外，锆合金在硝酸溶液中也具有很高的耐蚀性，并且仍保持优异的力学性能。基于锆合金的这个优势，它普遍被用于燃料的溶解设备以及硝酸回收浓缩器等。锆及其合金都存在同质异晶转变，在低温的状态下呈现出密排六方结构的 α-Zr，而在高温条件下呈现出体心立方结构的 β-Zr，纯锆的转变温度为 862℃。在实际的反应堆芯中使用的锆合金为核级，已将具有较高的热中子俘获界面的 Hf 清除掉，以提升锆合金的耐中子辐照损伤能力。目前在役的核电站中，可用的锆合金材料非常有限，这些核级锆合金均是基于锡（1%~2%）和铁的结合，又或者是基于铌（1%~3%）作为核心来进行使用，纯锆不会应用于核电构件中。用于核电站的锆及锆合金的组分见表 4-1。在锆合金中添加一定浓度的 Sn（1.2%~1.7%）合金元素，既可提高锆合金的耐蚀性，也有助于提高其力学性能及合金的抗蠕变性。

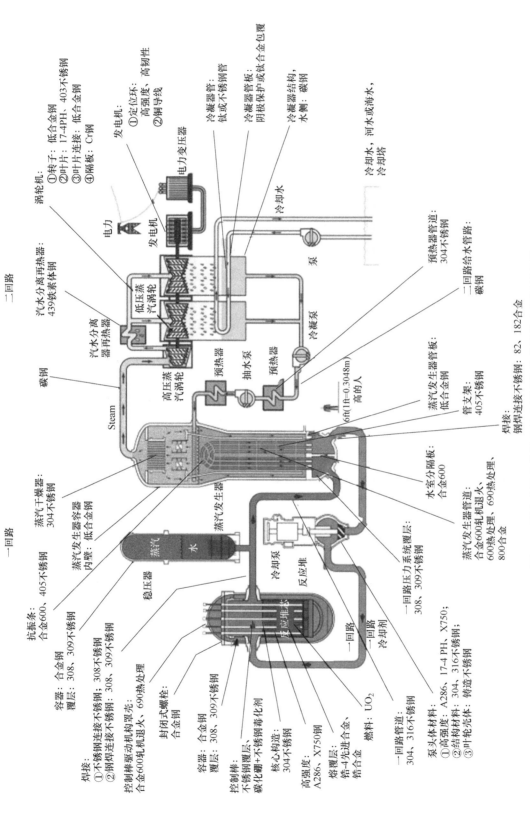

图 4-2　压水式反应堆核电站中不同构件常用的金属材料类型

53

表 4-1　用于核电站的锆及锆合金的化学成分

锆及锆合金	化学成分（质量分数，%）									应用
	Sn	Nb	Fe	Cr	Ni	O	Co	Hf	U	
Zr							0.002	0.01	0.00035	后处理厂
Zr 702			0.20max（Fe+Cr）			0.16max		4.50max		后处理厂
锆-2合金	1.2~1.7		0.07~0.20	0.05~0.15	0.03~0.08	0.12~0.14	0.002	0.01	0.00035	轻水反应堆
锆-4合金	1.2~1.7		0.18~0.24	0.07~0.13		0.12~0.14	0.002	0.01	0.00035	轻水反应堆
Zr-1Nb		1				0.12~0.14	0.002	0.01	0.00035	轻水反应堆
Zr-2.5Nb		2.4~2.8				0.12~0.14	0.002	0.01	0.00035	轻水反应堆

大量研究表明，如果锆合金中含有一些额外的合金元素会显著改变材料的性能，所以需严格控制一些合金元素的含量，如 Co、Hf 和 U 等，这些合金元素在合金中含量较高时对材料性能的影响是一个较为重要的问题。Nb 是被添加到锆合金里的第二种系列的合金元素，据相关文献可知，Nb 可溶于锆合金的 β 相，而且在后续热处理中可以更加容易地控制 α 和 β 的相互转变。所以，在最初阶段，锆-铌合金被加拿大与俄罗斯两个国家用作反应堆的覆层部分。在后续的开发应用当中，其他国家广泛地将锆-铌合金应用在压水式反应堆的核电里。锆与氧的亲和力很强，这种强亲和力为锆合金的工业加工带来了极大的困难。在锆、锆合金与水或者空气接触时，其表面会立刻形成一层氧化膜，并且这层氧化膜在很多具有腐蚀性的溶液中保持很好的耐蚀性，如在强酸性或碱性介质中。当然，锆及其合金的这种优异的耐蚀性也使其成为特殊环境中的首选材料，这样既能保障材料的服役安全性，也能大大降低维护成本。例如，在硝酸制备的化工厂中，尤其是对硝酸进行后处理的过程中，当储存的容器遇到硝酸时，不锈钢材料也难以保证安全性，利用锆及其合金的耐硝酸腐蚀特性就可很好地弥补这一不足。合金之间氧化膜厚度的不同取决于其表面氧化速率的不同，合金表面氧化膜的厚度是在动力学曲线的两次跃迁之间增长的（即所谓的跃迁厚度），氧化膜的平均氧化速率越低，过渡厚度越大。值得注意的时，氢在锆合金的腐蚀行为中的作用不可忽视。当锆及锆合金服役于有氢的环境中时，氢很容易吸附于材料表面，并与材料中的 Zr 发生反应（氢在 HCP 相中的溶解度低）。所以，在对压水式反应堆服役的锆合金的研究中发现，Zr-4 合金的腐蚀失效与氢在其中的作用联系密切。氢与锆反应形成锆的氢化物，进而导致局部应力集中，若氢化物过多则会导致整个材料的延展性和韧性降低。

（2）镍基合金　镍基合金具有优异的耐高温氧化的能力，此外，镍基合金也表现出优异的耐应力腐蚀开裂（SCC）性能和力学性能。反应堆中的关键部件蒸汽发生器传热管（SG）就大量使用了镍基合金。镍基合金又称为 Inconel®（注册商标指奥氏体镍铬超合金系列），目前主要分为两种：镍基合金 600（15%Cr）和镍基合金 690（30%Cr）。在一些反应堆的压力容器顶端与底端的焊缝区域也会使用一些其他的，镍基合金，如镍基合金 182、镍基合金 82、镍基合金 52 和镍基合金 152。另外还有非镍基合金 800（Incoloy®800），它含有 33% 的 Ni 和 22% 的 Cr 以及 40%~45% 的 Fe，也会被选作蒸汽发生器传热管用材料。虽然，镍基合金具有很高的耐应力腐蚀开裂性能，但是在实际应用环境中，因为恶劣环境条件的影响，所以应力腐蚀开裂的发生仍不可避免。例如，1960 年，美国首次选择镍基合金 600 和镍基合金 182 作为蒸汽发生器传热管用材料，然而在服役期间，当合金处于压水式反应堆的一回路及二回路水环境中时，应力腐蚀开裂事故时常发生。因为，蒸汽发生器构件庞大无法进行整体更换，所以这些局部部位的应力腐蚀开裂常使反应堆面临维修（RPV 接管安全端焊缝）或更换（RPV 上封头）。在后续的研究开发过程中，用（镍基合金 690、镍基合金 52、镍基合金 152）对镍基合金 600 和镍基合金 182 进行替代，使得该部位抗 SCC 能力显著提升，究其根本原因是这些合金（镍基合金 690、镍基合金 52、镍基合金 152）提高了材料中的 Cr 含量。正如镍基合金 800 因其内部较多的 Cr 含量，导致其在一回路水环境条件下的 SCC 敏感性很低。具有高强度的镍基合金 X750 和镍基合金 718 主要用于蒸汽发生器的内部组件（导管支撑鞘以及覆层隔离栅等）。X750 合金对 SCC 的敏感性的程度与镍基合金 600 相差不大，针对提高其耐应力腐蚀抗性的补救措施主要是对相关组件应力设计和制造工艺的改进（例如进行相关的热处理）。镍基合金 718 在服役过程中很少出现 SCC 的失效问题，有研究认为该合金的 SCC 敏感性与温度有着明显的联系。如前所述，镍基合金具有耐高温的优异性能，因此镍基合金还被用在其他很多高温领域。镍基合金 800 以及利用 Co 和 Mo 合金元素增强的富铬镍合金 617 被用在氦气（HTR）冷却的早期高温反应堆中。并且，镍基合金也被用于第四代的高温气冷反应堆（VHTR），其运行的环境温度远高于 HTR。用钨增强的富铬镍合金 230 和 740，以及利用氧化物弥散增强（ODS）镍合金有很好的抗高温蠕变断裂性能和高温强度，它们也被应用在第四代高温气冷反应堆中。虽然，镍基合金具有很高的抗高温蠕变性能以及抗应力腐蚀开裂能力，但镍基合金在中子辐照环境中容易产生辐照脆化、膨胀和相对不稳定。因此，镍基合金主要应用于距离堆芯较远的二次回路中遭受辐照影响较小的结构组件（如涡轮机，蒸汽发生器）。

（3）不锈钢　不锈钢材料是目前工业领域中应用较为广泛的金属材料，在核反应堆中主要用的不锈钢材料包括 304 和 316 奥氏体不锈钢，如核设施中的后处理厂和核动力反应堆等，这两种不锈钢材料被应用于 BWR（沸水堆）压力边界管道和 PWR（压水式反应堆）一回路的合金部件。反应堆一回路中的压力容器，其内表面还覆盖有 308/309 L 不锈钢堆焊层。核反应堆的一回路和二回路中，304Ti 也被用于钠冷快堆。不锈钢材料之所以能够广泛地应用在核设施中，是因为它们除了具有成熟的冶炼加工工艺外，不锈钢也具有出色的耐均匀腐蚀性能以及在工作温度条件下良好的力学性能，见表 4-2。奥氏体不锈钢因为含有一定含量的碳，所以在焊接过程中会沉淀出碳化铬引起晶界处贫铬而发生敏化的风险，因此，目前都采用碳等级来衡量其发生敏化的风险高低。有较多的实验结果表明，在还原性的服役环境（如加氢的 PWR 一回路水环境）中，相比于具有普通水氧化功能的 BWR，敏化后的不锈钢材料中不会发生晶间应力腐蚀开裂。

表 4-2 应用于核电的奥氏体不锈钢的化学成分及力学性能

奥氏体不锈钢	相组成	化学成分（质量分数，%）						力学性能		
		Cr[①]	Ni[①]	Mo[①]	N[①]	C	其他[②]	屈服强度[①]（min）/MPa	抗拉强度[①]（min）/MPa	伸长率[①]（min）（%）
AISI430	铁素体	17				0.12		205	450	22
AISI420	马氏体	13				0.15		1480	1720	8
AISI304	奥氏体	18	9			0.08		205	515	40
AISI304L	奥氏体	18	9			0.03		170	485	40
AISI316	奥氏体	17	11	2.1		0.08		205	515	40
AISI316L	奥氏体	17	11	2.1		0.03		170	485	40
AISI904L	奥氏体	20	25	4.5		0.02	1.5（Cu）	220	490	35
2205	双相	22	2	3	0.15	0.03		450	620	25
Uranus®	奥氏体	17	14.5	< 0.5	< 0.035	0.015	4（Si）	240	540	
S1N							<2（Mn）			
310L	奥氏体	25	20.5	< 0.3		0.02	<0.2（Si）<0.25（Nb）	215	490	5~10
Alloys254	超级奥氏体	20	18	6	0.20	0.02	0.75（Cu）	300	650	35
Alloys250	超级双相	25	7	4	0.28	0.03		550	795	1

① 退火状态。
② 典型数值。

在核电站的反应堆整个服役环境中，尤其是在一回路中，服役的金属材料遭受来自堆芯的中子辐照的损伤程度最高，极易产生辐照损伤发生一系列的因辐照导致材料失效的事故。例如，压水式反应堆堆芯挡板位置所遭受的辐照损伤剂量高达 2dpa/y。在金属材料遭受中子辐照损伤时，辐照会导致金属材料内部的原子位移，当材料内部原子离位后将陆续产生点缺陷（空位与间隙原子），这些点缺陷会继续演化形成位错、析出相以及空洞等，又或者会被材料内部的缺陷湮灭。奥氏体不锈钢在经过冷加工处理后，其内部会形成位错网，经受中子辐照后，其内部原始的位错网会被去除，并且新的位错结构型式重新形成，该条件下会使材料发生显著硬化。而材料的晶界处会与辐照产生的空位及间隙原子发生交互作用，进而导致界面处的合金元素发生富集或贫化，这种现象称为辐照诱发的合金组分偏析。通常情况下，界面处经受辐照后会观察到 Ni、Si 和 P 的富集，而 Cr、Fe 和 Mo 则产生相应的贫化。辐照诱导界面处产生 Cr 的贫化被认为是导致奥氏体不锈钢产生沿晶应力腐蚀开裂的关键诱因，对于在氧化环境（BWRs）中辐照促进应力腐蚀开裂（IASCC）的萌生和扩展具有重要意义。此外，IASCC 产生的另一个主要原因是辐照诱导局部硬化。除了辐照诱导局部硬化和晶界组分偏析外，奥氏体不锈钢的其他因素也会导致材料发生 IASCC。例如，环境中某些元素的变化也可能是由嬗变反应引起的。镍通过（n，α）反应原位生成氦伴随着（n，p）反应生成氢，氢的产生极易导致材料内部产生局部的气泡，最终产生局部的应力集中，引发 IASCC。

在服役的钠冷却快堆中，316 奥氏体不锈钢常被用作燃料组件的材料（燃料的包壳管）。

然而，有研究发现，当辐照剂量超过 30dpa 时，奥氏体不锈钢会发生微观结构演变形成大量的空洞，进而出现明显的辐照肿胀现象。一旦材料发生辐照肿胀，整个材料的体积变大，使得整个构件体系的服役安全面临着极大的威胁。为了避免辐照肿胀对不锈钢带来的损伤影响，多采用新型的不锈钢材料，如 15/15Ti 不锈钢（15%Cr 和 15%Ni，质量分数）进行替代，利用合金元素的改变（Si 和 P 等微量元素）以及采用马氏体不锈钢进行替换，最大限度地减少不锈钢辐照导致的膨胀问题；为了替代奥氏体不锈钢，多采用氧化弥散强化（ODS）钢，9%~17% 的 Cr（铁素体马氏体钢）用于核反应堆中燃料针包覆的材料。除此之外，由于某些活化的问题，需要严格控制用作 SFR（sodium-cooled fast reactor, 钠快冷中子反应堆）堆芯材料的一些钢材中的 Co 含量，使其在一定范围内。

具有高强度的不锈钢材料也被应用于核反应堆的构件中，构件主要分为螺栓、弹簧以及阀门等紧固件。高强度的不锈钢材料主要以马氏体为主，如 AISI410、17-4PH，还有 A286 沉淀硬化奥氏体不锈钢。见表 4-3。在这些高强度不锈钢中，少数会以应力腐蚀以及氢脆的方式失效。而在大多数情况下，材料内部会因含有较多的杂质而导致硬度显著提高，进而直接影响其失效行为。例如，在压水式反应堆一回路的环境中，阀门部件用 17-4PH 高强钢的失效均是以应力腐蚀开裂的方式发生的。有研究表明，这些高强钢的腐蚀敏感性与内部的马氏体相时效温度变化有着直接联系。所以，在后来的应用中，都会选择较低的初始时效温度进行处理以避免应力腐蚀开裂失效的发生。

由于高强钢中杂质含量增加导致硬度的提高，进而促进应力腐蚀失效的产生。利用冷加工的处理方式也会使奥氏体不锈钢的强度有所增加，所以冷加工的奥氏体不锈钢在 BWR 和 PWR 条件下易受 SCC 的影响。众所周知，在沸水堆中经过冷加工处理的奥氏体不锈钢的应力腐蚀开裂事故时有发生。然而，压水式反应堆的服役环境比沸水堆具有更好的还原特性，使得在其中服役的不锈钢材料产生腐蚀开裂时间长，并且发生腐蚀开裂失效的冷加工程度更高，因此对于压水式反应堆中的奥氏体不锈钢材料需要更久的时间才能发现因冷加工导致的应力腐蚀开裂现象。

核电反应堆所用的不锈钢材料等级要远高于日常生活中的普通不锈钢材料。例如，在要严格要求反应堆中的不锈钢的碳含量的添加，低碳含量和氮增强的奥氏体不锈钢 316 LN（用于核级的 AISI 316 NG）广泛用在 BWR 反应堆当中。而在碳与氮含量的添加要求中，反应堆用的 AISI 316 型不锈钢往往会利用氮替代碳来保证材料的强度，并且提高材料在沸水堆中的耐晶间应力腐蚀开裂的能力。此外，英国在核后处理厂所使用的 18/13/1 不锈钢材料与 AISI347 规格的最高值相当，均采用控制其中的碳与氮含量的方式。在法国的反应堆用材料中，玻璃化核废料容器中所采用的是 AISI 309 S 不锈钢，其主要规格是碳含量，以避免材料过于敏感。因为钴的添加会使得一回路环境发生污染，所以目前一回路所使用的镍基合金以及不锈钢都严格限制钴的添加量。目前大多数反应堆中，都采用表面硬化的不锈钢来代替核电站冷却剂系统中的钴合金，从而限制了一回路环境的污染，所使用的表面硬化处理的不锈钢材料被称为 NOREM。这些材料的特点是对奥氏体基体进行了固溶强化，且在晶界处具有连续的共晶和非共晶碳化物网络，典型的元素组成（质量分数）：Fe（60%），Cr（25%），Mn（4.5%），Ni（4.0%），Si（3.3%），Mo（2.0%）和 C（1.2%）。一些特殊的合金中明显增加了锰（质量分数为 12%）或明显增多了镍（质量分数为 8%）。

表 4-3　用于核电站的高强度不锈钢的化学成分及力学性能

高强度不锈钢	化学成分（质量分数，%）															力学性能		
	C	Mn	P	S	Si	Cr	Ni	Mo	Ti	V	Al	B	Cu	Co+Ta	Fe	屈服强度(min)/MPa	抗拉强度(min)/MPa	延伸率(min)(%)
A286（UNS S66286）	<0.08	<2.00	<0.025	<0.025	<1.00	13.5~16.00	24.00~27.00	1.00~1.50	1.90~2.35	0.10~0.50	<0.35	0.003~0.010			余量	275②	620②	40②
17-4PH（UNS S17400）	<0.07	<1.00	<0.040	<0.030	<1.00	15.00~17.50	3.00~5.00						3.00~5.00	0.15~0.45	余量	1170	1310	5~10
AISI 410（UNS S41000）	<0.15	<1.00	<0.040	<0.030	<1.00	11.50~13.5	<0.75								余量	720①	835①	21①

① 退火状态。
② 典型数值。

4.5　反应堆用不锈钢的氧化腐蚀

在压水式反应堆中包括三个回路环境，其中一回路与二回路环境受到研究人们的特别关注，因为一回路与二回路的材料服役环境较为恶劣，并且大部分的材料失效事故均是发生在这两个回路。图 4-3 所示为压水式反应堆一回路及二回路中各个重要部件的名称及所在位置。压水式反应堆一回路承压边界条件：①设计 / 工作压力：17.2MPa/15.5MPa；②温度：343℃；③水出口温度：325℃。一回路环境中的水溶液所采用的冷却剂为氢氧化锂（LiOH）与硼酸（H_3BO_3）的混合溶液。作为压水式反应堆的关键大型构件的蒸汽发生器是连接一回路及二回路的重要设备，其一回路侧设计压力为 17.2MPa，温度为 343℃，二回路侧设计压力为 8.6MPa，温度为 316℃。一回路侧的冷却剂为氢氧化锂（LiOH）与硼酸（H_3BO_3）混合溶液，二回路侧为去离子水。

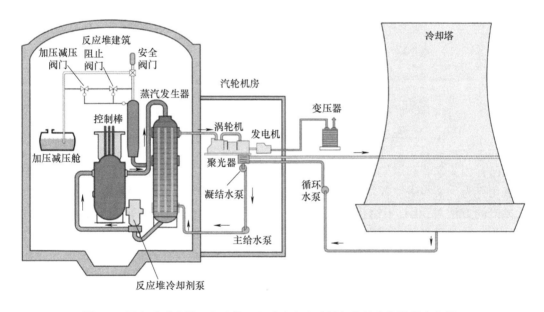

图 4-3　压水式反应堆一回路及二回路中各个重要部件的名称及所在位置

压水式反应堆一回路与二回路都处于高温高压的水环境，其材料服役环境条件异常苛刻。不论是锆合金、镍基合金还是不锈钢材料，当服役于这两个回路，裸露并接触到冷却剂一端的材料表面会形成一层氧化膜层。随着材料服役时间的延长，这层氧化膜的结构或者组分除了要受到高温高压的影响外，也要经受到来自反应堆芯的中子辐照损伤的影响。辐照产生的大量材料缺陷不仅对材料表面的氧化行为产生一定的影响，也直接影响材料表面氧化膜的防护能力。目前，已经有相关研究出现，但是对于辐照影响后的氧化膜保护性是变好还是变差还没有明确定论。

近些年，关于反应堆用金属材料表面氧化膜的研究越来越多。前期的研究结果形成一致的结论：无论是不锈钢还是镍基合金，其表面的氧化膜层均具有双层的结构。内层氧化膜是富铬层且具有较高的致密性、良好保护性能；外层氧化膜呈现由铁镍组成的八面体晶体结构，该结构具有较差的保护能力。辐照影响金属表面氧化膜形成的动力学过程如图 4-4 所示，在金属表面氧化膜的整个成膜过程中，辐照带来的影响不仅是材料内部的变化，如材料内部的缺陷类型、分布状态，以及晶界处的合金组分变化，也包括水环境的变化，如冷却剂中的辐照水解导致 pH 值变化等。同时考虑这些材料内部以及外部的因素的作用非常复杂，因此，需要逐一将这些影响因素先后考虑，再探究出辐照如何影响金属表面氧化膜的生长及氧化膜耐蚀性的变化。

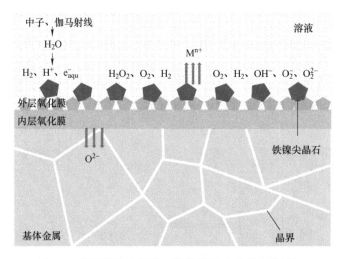

图 4-4　辐照影响金属表面氧化膜形成的动力学过程

现已有相关学者利用模拟的 PWR 一回路水环境的方法，去研究奥氏体不锈钢和镍基合金的氧化行为。某些研究者发现，不同的表面处理方法影响 304L 不锈钢的氧化行为。并且通过抛光的方法对 304L 不锈钢进行表面处理，进一步发现表面处理可增强氧化层的生长，他们认为，这种条件下的氧化膜生长机制是基于一种随晶界的扩散而产生的罗伯逊氧化模型。此外，也有相关研究者对表面冷加工的不锈钢进行氧化膜生长研究，他们认为冷加工越严重，内层氧化膜中铬的富集越少，氧化物 / 金属界面中镍的富集越多。他们认为，因为表面加工形成的位错密度高而促发外层氧化膜形核位点的增加。Wu 等人利用飞行时间二次离子质谱法（ToF-SIMS），研究温度影响下的镍基合金氧化膜生长。他们发现，具有多晶结构的镍基合金材料的氧化膜生长动力学的速度比单晶镍快很多，他们认为的原因是，多晶镍基合金中晶界较多会为氧的扩散提供更多的扩散路径，而单晶镍界面较少，导致氧的扩散相对较慢。Kuang 等人也研究了 690TT 镍合金在模拟压水式反应堆水环境中的氧化行为，他们发现，由于镍基合金表面层具有高密度的缺陷，这会显著加速 Cr 元素从基体内部向外扩散，从而促发形成更多的 Cr_2O_3。综上，可以初步得出结论：金属材料内部缺陷的形成以及密度的增加会对氧化膜的生长起有限的促进作用。然而，材料在遭受辐照损伤后，其内部将形成大量的辐照缺陷，缺陷类型的不同以及数密度的变化都将影响着材料氧化膜的生长动力学。因此，在压水式反应堆中使用的金属材料辐照后的氧化行为探究需倍加关注。

第5章

二次离子电池材料中的服役损伤

5.1 二次离子电池的发展历史与前沿

1800年，意大利学者伏特（Alessandro Volta）开创了电池的先河，发明了"伏特电堆"电池。从此，电池技术发展迅速，各种各样的可循环充放电的二次电池纷纷涌现，为电池技术的发展铺设了坚实的基石。20世纪60年代，由于石油危机的出现，人们开始探索新的能源替代品，在此背景下电池诞生了，锂金属（理论比容量为3860mAh/g，电极电势为 –3.04V）在此期间得到了广泛发展。1962年，锂原电池技术实现了历史性的突破，学者首次将金属锂作为负极材料，采用Ag、Cu、Ni等合金材料作为正极，开启了锂原电池应用的新篇章。随后，锂碘原电池与锂银原电池等新型锂原电池技术相继得到发展，进一步推动了该领域的科技进步。1972年，Exxon公司凭借其深厚的研发实力，成功组装出首个二次锂电池，该电池采用层状 TiS_2 作为正极材料，选用了具有高能量密度的锂金属作负极。然而，值得注意的是，以锂金属作为负极的二次锂电池在循环使用过程中，易形成锂枝晶现象。这一现象会造成电池容量的显著衰减，更严重的是，锂枝晶可能会穿透电池隔膜，导致电池内部短路，从而引发爆炸以及热失控等安全事故，对电池的稳定性和安全性造成严峻威胁。1980年，革命性的"摇椅电池"的概念被首次提出，开辟了全新的电池技术研究方向。1990年，日本索尼公司基于锂离子在石墨中快速穿插及高度可逆的优异特性，成功研发出以碳酸锂（$LiCoO_2$）为正极、石墨为负极的锂离子电池，标志着锂离子电池正式步入商业化应用的新纪元。随着技术的不断改进，以橄榄石型磷酸铁锂（$LiFePO_4$）为代表的正极材料被开发出来，相较于 $LiCoO_2$，磷酸铁锂材料表现出了更高的安全性及更低的成本，这一发现对锂离子电池的发展有里程碑式的意义。目前，锂离子电池已成为电子产品领域核心能源的解决方案，其主导地位不可撼动。

放电反应过程示意图如图 5-1 所示，该锂离子电池模型正极为钴酸锂，负极为石墨。在电池充电的过程中，锂离子在电场力的驱动下，从正极开始其迁移过程，通过中间的物质到达负极。电池的能量密度与正极释放的锂离子（Li^+）的数量有关，因此，用作正极的材料要可以容纳较多的 Li^+。电池放电时，Li^+ 的运动过程与充电时相反。在循环过程中从负极出发的 Li^+ 越多，其释放的能量越多，因此负极材料应具有较多的活性位点。该电池的主要结构和电极化学反应方程如下：

1）正极：$LiCOO_2 \rightleftharpoons Li_{1-x}COO_2 + xLi^+ + xe^-$

2）负极：$6C + xLi^+ + xe^+ \rightleftharpoons Li_xC_6$

3）总反应：$6C + LiCOO_2 \rightleftharpoons Li_xC_6 + Li_{1-x}COO_2$

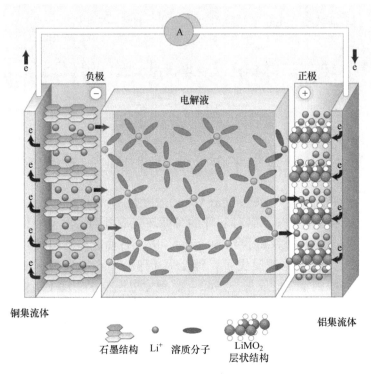

图 5-1　锂离子电池充 / 放电反应过程示意图

锂离子电池作为一种高效的能量储存与转换装置，其核心机制在于通过 Li^+ 在电池正负极之间的可逆迁移与位置变换实现电能与化学能之间直接的、可重复的相互转换。锂离子电池通常由多个关键组件组合而成，这些组件协同工作以确保电池的高效、稳定运行。具体而言，锂离子电池主要组件包括：

1）正极（cathode）。作为电池中 Li^+ 的主要来源，正极材料通常具有高比容量、良好的电子导电性和离子传输能力。充电过程中，Li^+ 从正极材料中脱出，进入电解质；放电时则相反，Li^+ 从电解质中脱出并嵌入正极材料。

2）负极（anode）。负极材料能够可逆地嵌入和脱出 Li^+，通常具有较低的嵌锂电势以保证电池的高输出电压。充电时，Li^+ 从正极迁移至负极并嵌入其内部；放电时，Li^+ 则从负极脱出，返回正极。

3）电解质（electrolyte）。电解质是 Li^+ 在正负极之间传输的介质，为确保电池的安全性和效率，它必须是离子导电但电子绝缘的。常见的电解质包括液态电解质、凝胶电解质和固态电解质等。

4）隔膜（separator）。隔膜位于正负极之间，主要作用是避免正负极之间物理接触导致的短路，同时需允许 Li^+ 自由通过。因此，隔膜需兼具卓越的离子渗透性能、足够的强度以及高度的化学稳定性。

5）电池壳（battery case）。电池壳是锂离子电池的外部封装结构，用于保护电池内部组件免受外界物理损伤和环境侵蚀。电池壳材料需具备良好的强度和密封性能，以确保电池的整体安全和使用寿命。

锂离子电池通过内部各组件的精密配合与协同工作，实现了电能与化学能之间高效、可逆转换，凭其能量密度高、循环寿命长及安全性能良好等优点，已成功渗透至多个商业领域，为现代社会提供了重要的能量储存与释放解决方案。Li^+是形成锂离子电池作为电源工作的基础，Li^+在进入负极材料内部时的难易程度是决定锂离子电池性能的主要因素。这一过程的难易程度，即Li^+的扩散动力学特性，是评估负极材料优劣的关键指标之一。理想的负极材料应具备高的质量及体积比容量、低的氧化还原电势、卓越的循环稳定性以及成本效益等特性。这些性能参数与Li/Li^+的氧化还原电势密切相关，图 5-2所示锂离子电池负极材料的Li/Li^+电势和理论比容量示意图，该图综合展示了不同负极材料在该方面的表现，为材料选择提供了重要依据。

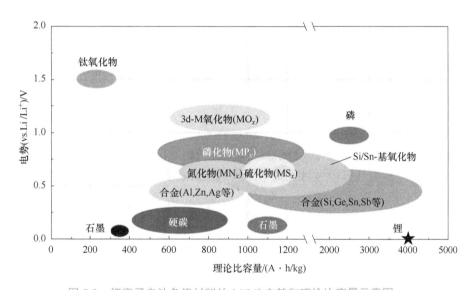

图 5-2　锂离子电池负极材料的Li/Li^+电势和理论比容量示意图

1991 年以来，石墨因其出色的电子传导能力和独特的层状结构，逐渐在锂离子电池负极材料中占据主导地位。石墨的层状结构为Li^+的快速嵌入与脱嵌提供了理想的通道，确保了电池的高效运行。然而，由于石墨负极固有的结构特性，其理论比容量被限制为 372A·h/kg，难以满足市场对更高能量密度锂离子电池的期望。此外，当前商业石墨材料的实际容量已接近理论极限（约为 360A·h/kg），进一步提升空间极为有限。鉴于此，学界正积极探索具有高比容量特性的新型负极材料，以应对市场对锂离子电池性能要求的不断提升。

在锂离子电池领域，负极材料的选择与性能优化对于提升电池整体性能至关重要。基于负极材料在电化学循环过程中锂离子的脱嵌机制，研究人员将其系统地划分为三大类：嵌入式反应类储锂负极材料、转化式反应类储锂负极材料以及合金化反应类负极材料。这三类负极材料各自展现出独特的特点与优势。

1）嵌入式反应类储锂负极材料。此类材料以层状或隧道状结构为典型特征，如石墨、钛酸锂等。在充放电过程中，通过扩散作用使 Li^+ 可逆地嵌入、脱出于材料晶格之中，而不引起材料主体结构的显著变化。这种机制确保了良好的循环稳定性和较长的使用寿命。然而，其理论比容量往往受限于材料结构中的可用嵌锂位点数量，如最为常见的石墨负极的理论比容量仅约为 372A·h/kg。

2）转化式反应类储锂负极材料。转化反应类储锂负极材料，如过渡金属氧化物、硫化物及磷化物等，在锂化过程中经历从固态到含锂化合物的转变，并伴随化学键的断裂与重建。这类材料通常具有较高的理论比容量，因为每个分子单元能容纳多个锂离子。然而，转化反应过程中的体积变化较大，易使材料粉化、脱落而影响循环稳定性。此外，首次充放电过程中不可逆的容量损失也是该类材料需要解决的问题之一。

3）合金化反应类负极材料。常见的有硅、锡及其合金，锂化过程中可以与锂反应形成合金相，从而实现锂的储存。这类材料因能与大量锂结合而具有极高的理论比容量，如硅的理论比容量可达 4200A·h/kg。然而，制约其实际应用的主要瓶颈为其合金化过程中不可避免的巨大体积变化。体积变化不仅导致材料内部应力集中、结构损坏，还加剧了固态电解质界面相的不稳定性，影响电池的循环寿命和安全性。

5.2 锂金属负极材料的固液界面相及有害的沉积行为

关于锂离子电池大量研究的出现，使关于锂离子电池正负极材料尤其是石墨负极性能的研究，几乎已经达到其理论容量，为了满足经济社会发展的更高要求，锂金属凭借着其超高的比容量（3860A·h/kg）以及自然界单质中最低的电极电势（–3.04V），使得锂金属电池（LMB）成为进一步提升锂电池性能的"圣杯"。目前常见的 LMB 主要有锂 - 氧气（$Li-O_2$）电池、锂 - 硫（Li-S）电池以及锂 - 金属负极电池等，$Li-O_2$、Li-S 体系的理论能量密度分别为 3505W·h/kg 以及 2600W·h/kg，是锂离子电池体系（240W·h/kg）的 10 倍以上。在锂被公认为是"最强大"的负极材料后不久，学者们对其进行了大量的研究。然而，人们很快发现，它最具价值的优势，即最低的电极电势，也是其最大的应用问题，极低的电极电势意味着锂金属与其他材料的反应活性极高，在电池中极易与电解液发生反应，导致活性锂金属的消耗。从热力学角度来说，锂是现存的非常活泼的金属，并且，几乎所有物质都会与锂金属发生反应，即便是最具惰性的有机化合物，如正己烷，也会与锂发生反应，并在表面形成一层较薄的钝化层。在早期，锂金属的活性使得研究人员很难找到合适的电解质，特别是电解质溶剂，用于任何可能含有锂金属电极的电池。此外，在循环过程中，剧烈生长的锂枝晶也严重制约着 LMB 的进一步应用。

5.2.1 锂金属负极材料固液界面相

Dey 等于 1970 年首次发现 Li 在沉积过程中会与电解液发生反应，形成一层覆盖在沉积锂表面的薄膜，1979 年这种薄膜被 Peled 等命名为固态电解质界面相（solid-electrolyte interphase，SEI）。SEI 是活泼的锂金属与电解液发生副反应而生成的，是包裹在锂金属表面的一层反应产物。SEI 主要产生于电池的首圈循环，并在接下来的 Li^+ 沉积/剥离过程中起保护锂金属的作用。Goodenough 等提出，SEI 的形成主要与最高占据分子轨道

（LUMO）和最低未占分子轨道（HOMO）相关，当负极电势高于 LUMO 的电势，电子就会倾向于占据电解液分子未被占据的空轨道，发生反应形成一层 SEI。相似地，当正极电势低于 HOMO 时，SEI 也会通过副反应形成。SEI 的生长主要受溶剂中各种自由基的影响，如 EC^-（碳酸乙烯酯）、F^- 等，一般来说，受限于 SEI 较差的 Li^+ 导率，SEI 很难持续生长，因此厚度通常在几百纳米以内。实际应用中，为保证锂电池稳定安全的性能，往往希望 SEI 具有合适的厚度（足够绝缘，但又不影响 Li^+ 输运）、足够高的 Li^+ 扩散能力、足够高的强度和韧性（以适应锂金属在充放电沉积 / 剥离过中的体积变化）以及足够的电化学稳定性。SEI 的成分、结构均影响 Li^+ 的沉积特性，是锂电池研究中至关重要的一环，并且 SEI 的成分、结构与它所处的电化学环境密切相关，大量研究表明，SEI 是处于动态变化过程，即在锂负极、电解液、电池反应产物之间建立着微妙的电化学平衡，一旦改变 SEI 所处的环境，如从电解液中取出，其化学 / 电化学性质必然不可避免地发生一些变化。例如，Li_2CO_3 在乙烯二碳酸锂电解液中可以稳定存在，但是却在 Li^+/Li 的平衡电势附近变得活泼，分解成为 Li_2O 混入 SEI 层中。SEI 的化学成分于 1985 年首次被学者利用 X 射线光电子能谱（XPS）技术测量出，随后数年，由于其电化学稳定性欠佳，且对电子辐照极为敏感，关于 SEI 的实验研究并不全面，更多地体现在模拟计算当中。早年间有关 SEI 的物理化学性质的解释有多种模型被学界所认可，如空位模型（Schottky 晶体缺陷）、多层结构（靠近电极的一侧为 LiF 等无机产物，靠近电解液一侧为 ROLi 等有机反应产物）、马赛克结构（LiF、Li_2CO_3 等多种反应产物不均匀地沉积在负极表面）、双电层结构、单层结构及无定形态等。直到 2017 年，冷冻透射电子显微技术（cryo-TEM）的创新性应用使学者们首次观察到马赛克 - 多层结构 SEI 共存的显微结构，开启了学者对 SEI 研究的新思路。

越来越多的研究表明，在锂金属负极上形成的 SEI 通常是不均匀的。随着额外的沉积，锂金属不断通过 SEI 的快速离子传输通道沉积，最终以苔藓状或枝状的形式产生非平面的锂金属电沉积现象。这种不受控制的锂电沉积会产生两个极为严重的问题：①阳极可逆性低；②电极内部短路。

5.2.2　锂枝晶问题

锂枝晶问题最早于 20 世纪 70 年代被学者发现，但是由于影响其生长的因素十分复杂，目前学界对其生长机理方面的研究还未达成共识。电化学反应过程中，Li^+ 从正极脱出，经过电解液输送至负极，并在负极沉积，由于 Li^+ 的扩散速率有限，电解液中 Li^+ 的分布并不均匀，因此靠近电极一侧的 Li^+ 往往难以及时补充，导致电极表面局部电荷分布不均匀，形成局部不均匀的电场，使沉积过程中的 Li^+ 更倾向于沉积在能量更低的区域（如电极表面缺陷、已经沉积有锂的区域等），导致枝晶产生。此外，枝晶的顶端曲率更高，根据相关物理学理论（尖端放电原理），曲率更高的尖端会有更强的电场，能吸引更多的 Li^+ 聚集，进一步促进枝晶生长，形成恶性循环。如图 5-3 所示，锂枝晶、失活的锂的产生过程：①镀锂导致体积膨胀，从而使 SEI 膜破裂；②进一步电镀使锂枝晶从裂纹中长出；③锂枝晶剥离产生孤立的锂，体积收缩导致 SEI 层进一步破裂；④连续循环导致第①步到第③步重复发生，最终形成堆积的失活的锂层、厚的 SEI 层和多孔锂电极。

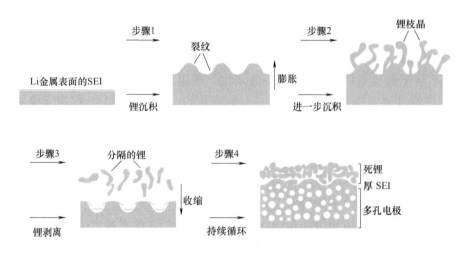

图 5-3 锂枝晶、失活的锂的产生过程示意图

锂枝晶给电池带来的危害主要如下：

（1）短路 锂枝晶常见的形态大致分为团簇形态、单根丝状以及树枝状三类，其中，树枝状的锂枝晶最为危险。尖锐的枝晶可以刺破隔膜，从负极生长到正极，导致电池短路，使电池内储存的能量迅速以热的形式散发，导致电池过热失效甚至爆炸，这是 LMB 实际应用中面临的最大问题。

（2）增加 Li 的副反应 相较于相对平整的集流体板，枝晶的存在使锂金属的表面积大幅增加，使锂金属与电解液接触得更为充分，不可避免地增加了锂金属与电解液反应产生的各类副反应，消耗活性锂金属以及电解液，如生成更多的 SEI，大幅降低库伦效率。

（3）形成失活的锂 由于枝晶以及枝晶外包裹的 SEI，因此从负极剥离的过程中，锂难以均匀地进行电化学反应，在剥离过程中不直接与集流体接触的锂金属很容易开裂、粉化，与集流体脱离，从而形成失活的锂，无法继续参与电池循环过程，造成活性锂的损耗，严重影响循环稳定性。

（4）导致电极极化 不同于均匀沉积的锂金属，非均匀沉积的锂枝晶通常有许多孔洞，使得 Li^+ 扩散的距离变长，更加难以扩散，对 Li^+ 和电子均表现出较大的阻抗，最终导致电极极化严重，使用寿命严重缩短。

目前为止，有关锂枝晶形核、生长以及电池循环过程中的行为还没有统一的认识，根据前人的经验，主要有以下几种方式来控制锂枝晶的生长，减轻其对电池性能的危害。

（1）添加电解液添加剂 锂枝晶的生长取决于其所处的电化学环境，因此，改变锂所处的局部电化学环境通常对控制锂枝晶的生长十分有效。第一性原理计算结果表明，致密、稳定的 SEI 可以有效减少电解液与锂金属发生的反应，从而保护锂金属负极。由于其极低的电负性，锂金属可以和目前发现的任何有机溶剂发生的反应，因此，有效的电解液添加剂必须在电解液中其他物质与锂发生反应之前就已经与锂发生反应并形成一层稳定的 SEI，以保护锂金属。因此，电解液添加剂往往需满足：①比电解液或者锂盐所携带的阴离子具有更高的 HOMO 以及更低的 LUMO；②生成具备足够化学 / 电化学稳定性的、致密的 SEI；③生成的 SEI 要有足够高的强度以抑制锂枝晶的生长。

常见的添加剂中较有代表性的为氟化醚 / 酯类，使用含氟电解液可以使 SEI 中富含 LiF，从而提升 SEI 的电化学稳定性，调控 Li^+ 的沉积 / 剥离过程。一般来说，SEI 中的氟原子都来源于 Li^+ 溶剂鞘中锂盐携带的含氟阴离子（如 PF_6^-）或含氟溶剂分子（如呋喃 -2，5- 二甲酸二甲酯），因此溶剂鞘分解的产物直接决定了 SEI 的物理化学性质。根据前人研究，SEI 中主要的无机物以氟化锂（LiF）、碳酸锂（$LiCO_3$）、氧化锂（Li_2O）和氢氧化锂（LiOH）为主，其中，LiF 由于出色的 Li^+ 表面扩散能力以及绝缘特性，对调控 Li^+ 均匀沉积、抑制锂枝晶生长以及减少失活的氟的产生起到关键的作用。另外，富 LiF 的无机 SEI 与高容量负极物理接触时，界面能较高，氧化还原反应中的热力学稳定性极佳，因此在循环过程中有着更高的强度用以抵抗体积变化带来的巨大应力变化，更不易发生开裂失效，可以有效减少电解液对活性锂的消耗。

此外，还有一些添加剂可以改变 Li^+ 的沉积行为，主要为卤素阴离子和碱金属离子。浓度较低时，碱金属离子的还原电势往往比 Li^+ 更低，使得它们在锂沉积的过程中能保持稳定，在锂枝晶生长时，碱金属离子会包围在枝晶外围，尤其是枝晶尖端，使得锂枝晶周围有一个正电场，迫使电解液中的 Li^+ 向其他电势更低的位置沉积，从而调控枝晶的生长。锂金属卤化物则是由于其较低的扩散能垒以及较高的表面能，因此，在电化学沉积过程中可以起调控 Li^+ 的表面扩散行为，从而调整 Li^+ 沉积行为，减少枝晶的产生。

（2）预制 SEI　使锂负极表面产生一层合适的 SEI，最为直观的策略就是直接人为引入一层具有特定结构及电化学性能的 SEI。例如，有学者使用电化学沉积（CVD）、原子层沉积（ALD）、磁控溅射、物理旋涂等方法，对锂负极表面进行预处理，预先生成一层 SEI 保护膜，有效减少了电解液以及活性锂在循环过程中的损失，使得电池的循环性能得到了一定的改善。

（3）提升电解液的强度　不同于常规液态电解液，固态电解液通常为强度较低的有机高分子材料，但其物理性质决定了其可能更有较高的强度。例如，Choudhury 通过结构设计，将高分子材料聚合成网状结构（见图 5-4），使之强度大幅提升，有学者使用相似的设计，利用光聚合反应将高分子材料编织成交互的网格状结构，获得了强度高达 12GPa 的固态电解质，有效抑制了锂枝晶的产生。

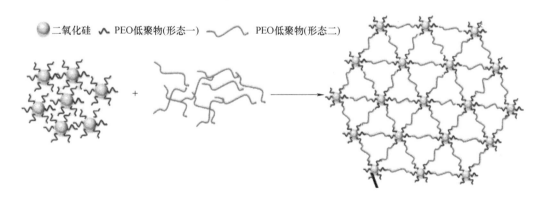

图 5-4　Choudhury 设计的一种高分子聚合网状结构

注：PEO 为聚环氧乙烷。

此外，还有学者通过向电解液基体中引入高强度框架，如陶瓷网、聚合纤维膜等，来提高固态电解质的强度。例如，Lin 等利用多孔 SiO_2 气凝胶框架，复合 PEO 合成了一种高强度（约 0.4GPa）、高离子导率（约 0.6mS/cm）的复合电解质，类似地，Zhou 等利用中空 SiO_2 纳米球作为框架合成的复合电解质，将其应用于固态锂电池后，电池的循环性能显著提升 Lin 等、Zhou 等设计的复合电解质如图 5-5 所示。

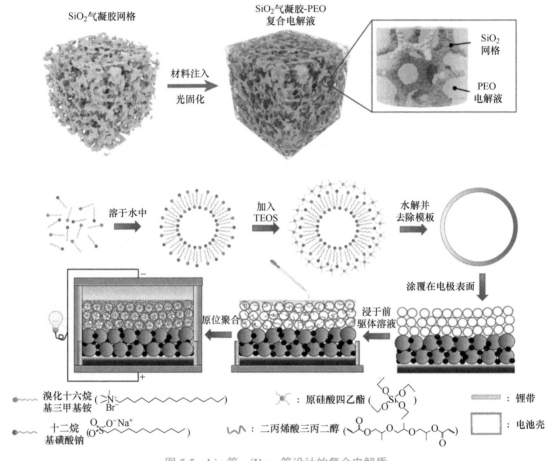

图 5-5　Lin 等、Zhou 等设计的复合电解质

5.3　硅基负极材料的固液界面相与应力腐蚀机理

5.3.1　硅基负极材料固液界面相变化

SEI 是所有电化学电池中由电化学还原和化学反应在负极材料与电解液界面上形成的具有独特物理化学性质的物质相。SEI 的不稳定会引起 Li^+ 流、电流密度的变化，从而影响 Li^+ 沉积／剥离的行为。目前，锂电池中最为常见的负极材料为碳基负极材料，但其理论比容量上限仅为约 372Ah/kg，而硅负极材料储锂的理论比容量可以达到

4200Ah/kg，超过碳基负极材料 10 倍之多。且研究表明，硅锂化的电压约为 0.2V，高于石墨电压（0.1V），意味着硅的安全性更佳，加之硅元素在地壳中极高的丰度，硅基负极材料逐渐成为研究热点。然而，硅拥有极强的储锂能力是因为每一个硅原子可以与约 4.4 个锂原子结合，在其完全锂化后会形成 $Li_{22}Si_5$ 化合物，体积膨胀将会达到 400%，极易造成严重的内应力，导致负极材料开裂、粉化等失效行为发生硅基材料体积膨胀带来的问题如图 5-6 所示。硅负极开裂后，可能在内部形成一些孔洞，使得电解液渗入到材料内部，消耗电解液，并且硅断裂后很可能形成细小的颗粒与极流体分离，成为失活的硅，无法继续参与电池反应，造成严重的活性硅损失，导致比容量急剧下降，库伦效率（CE，首次充电不可逆循环容量约为 30%vs. 石墨的为 5%~10%）、倍率性能骤降。此外，在实际应用中，由于硅的 Li^+ 及电导率相对较差（电导率约为 10^{-3}S/cm 数量级，Li^+ 扩散系数约为 10^{-13}cm²/s 数量级），其循环稳定性欠佳。在实际应用中，使用寿命往往局限在循环 100 圈内，因此，硅负极材料目前仍难以大规模使用。为了解决硅负极材料应用中的各种问题，学者们提出了诸多解决方案，如硅负极低维化、预制中空结构、包覆改性、与其他材料复合等。

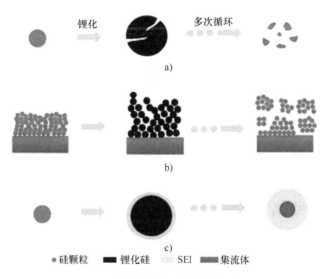

图 5-6　硅基材料体积膨胀带来的问题

a）负极材料开裂与粉化　b）活性材料脱离　c）SEI 膜不断破裂与重组

5.3.2　硅基负极材料的应力腐蚀机理

SEI 在一定程度上可以阻止电子通过，同时允许 Li^+ 通过，SEI 可以理解为锂离子电池在第一次循环期间电解质分解形成保护层，能抑制活性物质和电解质发生进一步反应。SEI 的不断生长会导致活性物质的消耗和电子传导路径的中断，从而导致电池容量衰减。硅基负极材料存在着电子传输速度慢及体积变化大的问题，为了解决这些问题，研究人员对硅基负极材料进行了深入研究，设计合成了各种硅基负极材料，如纳米结构的硅材料（如纳米颗粒、纳米薄膜、纳米纤维、纳米管）及宏观调控的硅结构（如多孔硅材料、核壳硅碳材料）等。不同结构的硅基材料，其形貌、结构和性能差异较大，应用的范围也不同。

与块状硅材料相比，纳米硅材料的比表面积更大，电极电阻相对更低，Li^+ 和电子转换更为迅速，可以更好地适应循环过程中硅的体积变化，改善硅失效的情况。但过高的比表面积也正是制约纳米硅材料发展的主要因素之一，因为这会导致活性材料与电解质的反应增多，加剧电池中的有害化学反应，从而影响电池的循环寿命。此外，受限于现有的合成制备手段，纳米硅材料存在振实密度低、表面副反应多、面质量载荷低、制备工艺繁杂和成本高等问题。因此，近年来，微米硅材料成为研究热点。微米硅材料和纳米硅材料相比，振实密度更高，体积能量密度也更高。微米硅颗粒的比表面积相对来说更低，与电解液的接触面积更小，减少了表面副反应的发生，此外，在相同的电极厚度下，微米硅材料往往拥有更高的面质量负载。

SEI 的形成与电解液的分解过程息息相关，不同的电解液添加剂会影响 SEI 膜的成分、结构和性能。氟碳酸乙烯酯（FEC）添加剂和碳酸乙烯酯（EC）是目前工业生产中应用较为广泛的有机添加剂，相较于添加 EC 形成疏松多孔的 SEI，添加 FEC 后硅表面形成 SEI 富氟化锂（LiF），其结构更致密，强度、韧性更佳，可以显著降低硅负极材料在充放电循环过程中出现的体积膨胀与开裂、粉化现象，能够有效避免电解液中的 O^{2-}、PF_6^- 等离子穿过 SEI，与活性物质接触。此外，含 EC 的电解液生成的 SEI 通常会含有碳酸乙烯酸锂（LEDC），在电池循环过程中极易分解成二氧化碳、草酸锂、碳酸锂和锂醇盐等成分，降低 SEI 在循环过程中的稳定性。而以 FEC 作添加剂的电解液的 SEI 外层的 LiF 浓度相对更高，且 SEI 中的分解产物 LEDC 不易分解，循环稳定性更佳。

对于硅基负极材料，低维硅纳米线可适应更大的体积膨胀，从而保证电池的循环稳定性。但研究发现，循环过程中，纳米线会逐渐由最开始的均匀光滑硅表面演变为粗糙的多孔结构。随着循环次数的增加，硅纳米线内部渗入的微孔也会增加，微孔孔径与纳米线总体积也随之增大。纳米硅在液体电池中的容量衰减机理示意图，如图 5-7 所示，一条完整的纳米线，第 1 次锂化时在外表面处产生大的体积膨胀并形成 SEI，在第 1 次脱锂期间空隙成核，液体电解质渗透到接近纳米线外表面的空隙中，在空隙表面上形成 SEI 层，而液体电解质无法接近的其他空隙在第 2 锂化过程中被消除，第 2 次脱锂时，液体电解质可进入的空隙被保留并扩大，液体电解质侵入，并且伴随着 SEI 在进一步锂化期间生长到纳米线芯中。导致 SEI 进一步沿间隙通道生长，最终导致硅 -SEI 的空间结构从最开始的"核壳"结构演变为"梅花布丁"结构，造成活性物质的持续消耗，使电池循环性能大幅降低。

研究表明，锂化过程中硅负极材料的断裂与尺寸有一定的关系。纳米硅颗粒的临界尺寸约为 150nm，小于临界尺寸的纳米硅颗粒不会产生裂纹，反之，大于临界尺寸的纳米硅颗粒易形成裂纹，且裂纹会逐渐扩展至材料断裂。因此，可通过降低硅负极材料的尺寸释放电化学循环过程中产生的内应力，以提高电子的传输能力，改善材料的循环稳定性。此外，研究表明，负极材料的容量保持率也与颗粒的粒径有关，粒径越小，材料容量保持率越高，这是因为颗粒尺寸越小，材料开裂和膨胀程度越小。另外，在颗粒表面进行包覆改性，如技术较为成熟的碳包覆改性，可以在一定程度上控制材料的结构变形并提供快速电子扩散通道，提升电池的电化学性能。碳包覆层还能实质性地防止硅微粒的聚集，显著提升负极的电子传输性能，还可将硅和电解液分隔开，避免电极表面的 SEI 生长过度，及由此造成活性物质过度损耗。此外，调节 Li^+ 脱 / 嵌过程中产生的应力变化，碳包覆层可以减小硅体积膨胀，改善材料的开裂和粉化。目前，学者利用各种制备工艺，得到了诸多种类的硅碳负极材料，其中较为典型的有核壳结构、卵黄壳结构、嵌入结构和次级结构等。例如，通过喷雾干燥法将纳米硅颗粒与碳源前驱体、柠檬酸在乙醇溶液中混合，热解后在硅纳米颗粒上形成无定形碳包覆层，无定形碳包覆负极表现出优异的循环性能。类似地，有学者设计"蛋黄壳（见图 5-8）"、"石榴石"结构，利用碳包覆层包裹硅纳米颗粒，使微粒与包覆层之间留有一定的空隙以容纳硅颗粒的体积膨胀，获得良好的循环稳定性。

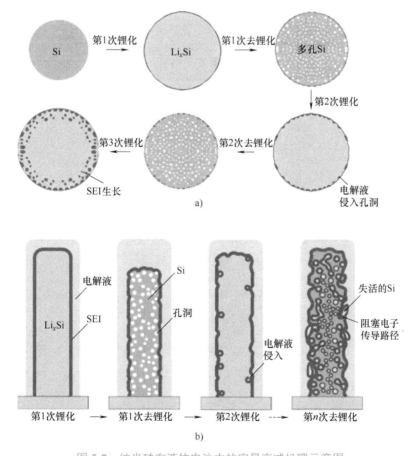

图 5-7　纳米硅在液体电池中的容量衰减机理示意图
a）一条完整的纳米线锂化膨胀形成 SEI、脱锂形成空隙的过程示意图
b）液体电池中纳米级 Si 的容量衰减机制的示意图

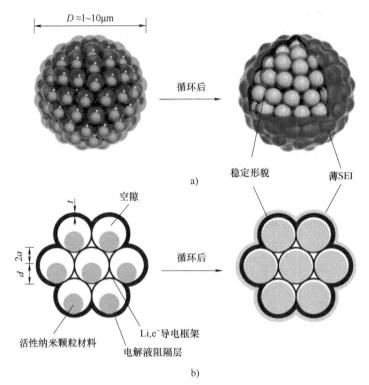

图 5-8　蛋黄壳状的硅碳复合材料

a）材料结构　b）锂化过程示意图

第6章

催化剂失活机制

催化剂是一种能够提升反应速率而不影响反应总标准吉布斯自由能的物质，通过调整反应路径或调节活化能的水平来实现这一目的，能同时加速或减缓正向与逆向反应的速率，但不改变系统的平衡状态。催化剂形态多样，依据物理状态，可分为液态与固态两类；根据反应体系中催化剂与反应物的相态关系，又可分为均相催化剂与多相催化剂。催化剂具有选择性，即某一类反应只能用某些特定的催化剂来催化。催化剂的活性取决于其特定的化学结构和组成，不同类型的催化剂对于不同反应物展现出独特的选择性和效率差异。在现代化学工业领域，催化剂扮演着至关重要的角色，典型的应用实例包括在合成氨过程中使用的铁基催化剂。

催化剂失活，表现为催化活性和选择性随着时间的推移而消失，是工业催化过程中一个重大且被持续关注的问题。更换催化剂的成本高昂。催化剂失活的时间尺度跨度很大，在裂化催化剂的情况下，催化剂失活可能在数秒内发生，而在合成氨中，铁基催化剂的寿命能达到 5~10 年，但所有催化剂都不可避免地会失活。

催化剂的失活机制多样，具体原因和催化剂的服役环境密切相关，催化剂的组分不同，失活的具体原因也会不同。在甲醇合成过程中，受到杂质硫的影响，导致催化剂活性组分铜转化为硫化铜或硫化亚铜，覆盖催化剂表面，导致催化剂活性丧失。SO_2 会与贵金属催化剂表面活性位点间的电子相互作用，占据反应空位从而抑制反应物的吸附与活化，同时导致活性金属被硫酸化并形成硫酸盐，造成催化剂的失活。目前催化剂的失活机制可分为中毒失活、结垢失活、烧结失活、化学降解失活、机械磨损失活五种机制。其中中毒、烧结、化学降解失活是化学性质的失活，结垢、机械失活是物理性质的失活。

6.1 中 毒 失 活

催化剂中毒是指反应物、产物或杂质在催化剂活性位点上发生强烈的化学吸附，进而引发催化剂失活的现象。这些导致中毒的物质被称为毒物，其毒性大小取决于它们相对于其他竞争催化位点物质的吸附能力。除了物理上阻塞吸附位点外，吸附的毒物还可能改变催化剂表面的电子结构或几何形态。催化剂的中毒失活分为可逆失活和不可逆失活，可逆失活经历还原后可恢复活性，不可逆失活的活性不可恢复，主要是由于催化剂的结构和性质完全发生改变。无论中毒是否可逆，毒物吸附在表面导致活性丧失的机理是相同的。

毒物对催化活性的影响机制是多重的。以金属表面乙烯加氢硫中毒为例，其概念模型如图 6-1 所示，一个强吸附的 S 原子在三维空间中物理堵塞了四个吸附 / 反应位点和金属表面的位置。同时，由于形成强大的化学键，会对最近的金属原子的电子态产生影响，催化反应中反应物 / 产物的结合能与电子态有着密切的关系，这种影响会导致反应物 / 产物的吸附能 / 解离能发生改变，对反应产生影响，但影响范围局限于相邻几个原子。强吸附的毒物会导致金属表面重组、占据或屏蔽表面的 s 轨道和 d 轨道、形成挥发性卤化物，导致催化性能显著降低。此外，吸附的毒物会阻碍反应物之间的接触，影响它们在催化剂表面的扩散，从而降低反应发生的可能性。

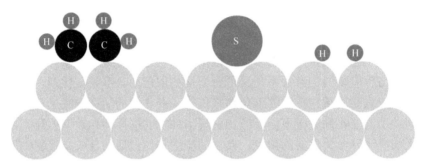

图 6-1　金属表面乙烯加氢硫中毒的概念模型

由于中毒通常是由原料中杂质的强烈吸附引起的，因此最好将原料中的杂质去除到使催化剂在其最佳使用寿命下运行的水平来防止中毒。例如，在涉及贱金属催化剂的常规甲烷化和费托工艺中，将硫化合物的进料浓度降低到 10^{-7} 以下，以确保催化剂的使用寿命；在氧化物催化剂上的裂解或加氢裂化反应中，从原料中去除强碱性化合物（如氨、胺和吡啶）非常重要；金属杂质对催化剂的毒害可以利用中毒的选择性来调节。利用催化剂中毒的选择性，可通过阻断活性较低的位点，实现中毒的"反向选择"。在许多工业过程中，通过对催化剂下毒，提高其选择性。例如，含 Pt 的石脑油重整催化剂通常预先硫化，以尽量减少不必要的裂解反应。

选择降低毒物吸附强度的反应条件，或者选择限制沉积物转移机制，将沉积物限制在催化剂颗粒的外壳上，而主反应在颗粒内部不间断地发生，可以降低中毒率，会显著影响催化剂的寿命。通过催化剂设计减少催化剂中毒的一个典型实例是汽车和摩托车发动机的尾气净化，通过对催化剂涂覆氧化铝或沸石涂层，或在子层中制备活性相，可提供扩散屏障，防止或减缓燃料中的毒物（例如，润滑油或腐蚀产物中的磷或锌）进入催化剂表面。其原理是优化扩散屏障的孔径分布，使相对较小的碳氢化合物（CO、NO 和 O_2）分子能进入催化相，同时防止较大的颗粒进入。

6.2　结垢失活

在催化裂解、有机精炼等工业催化过程中，催化剂的失效机制主要是结垢失活。结垢是指物质从流体相沉积到催化剂表面的物理（机械）沉积，造成活性位点或孔隙的堵塞，进而导致催化剂失活，在反应后期可能导致催化剂颗粒的解体和多孔结构的堵塞。结垢主要包括碳和焦炭在多孔催化剂中的机械沉积，碳和焦炭的形成也涉及不同种类的碳或浓缩碳氢化合物的化学吸附，碳往往是 CO 歧化反应的产物，而焦炭则源于催化剂表面碳氢化合物的分解或缩合过程，通常由聚合的重质碳氢化合物构成。碳沉积的类型可根据汽化温度来确定。一般认为有三种类型的碳种类：无定形碳 C_α（300~450℃）、丝状碳 C_β（450~550℃）和石墨碳 C_γ（>600℃），这些碳或浓缩碳氢化合物可以作为催化剂的毒物。负载型重金属催化剂上碳的形成、沉积和转化模型如图 6-2 所示。

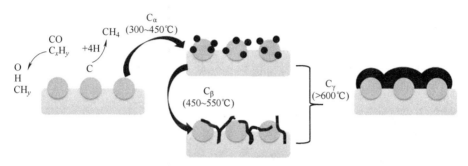

图 6-2　负载型重金属催化剂上碳的形成、沉积和转化模型

碳导致负载型金属催化剂失活的机制主要有三种：①碳以单层形式进行强烈的化学吸附，或以多层形式进行物理吸附，这两种情况都会阻碍反应物接触金属表面；②碳完全覆盖金属颗粒，导致该颗粒完全丧失活性；③碳堵塞微孔和中孔，使这些孔道内的催化剂无法与反应物相互作用。小孔径催化剂失活的主要原因是孔道堵塞降低了催化活性；而孔径较大的催化剂活性损失则主要归因于催化剂内部活性位点的失活。在极端状况下，碳丝可能在孔隙中累积，对支承材料施加压力并引发断裂，最终导致催化剂颗粒解体及反应器孔隙堵塞。

Wang 等 研 究 了 Ni/CeO₂-com、Ni/CeO₂-HT 和 Ni/Ce$_{0.9}$Eu$_{0.1}$O$_{1.95}$-HT 催 化 剂 在 CH₄：CO₂：N₂=1：1：2（体积分数）气氛中、873K 的温度条件下反应 12h 后的稳定性。与反应前催化剂相比，在图 6-3a~c 所示的所有催化剂的 TEM 图像中均观察到积碳现象，其中 Ni/Ce$_{0.9}$Eu$_{0.1}$O$_{1.95}$-HT 表面有无定形碳生成，Ni/CeO₂-com 和 Ni/CeO₂-HT 表面有丝状碳生成。Wang 等研究了在 700℃、1atm（1atm = 101.325kPa）的 DRM（狄尔斯-阿尔德）反应条件下，使用 20% Ni/Al₂O₃ 催化剂时，碳的沉积和失活机理，30min 后，存在碳的主要类型为丝状碳，如图 6-3d、e 所示，约占催化剂表面的 50%。

催化过程中形成的焦炭和碳的化学结构随反应类型、催化剂类型和反应条件的不同而变化。根据是否伴随碳或焦炭的形成，催化反应可大致分为焦炭敏感型反应和焦炭不敏感型反应。在焦炭敏感型反应中，未转化的焦炭会沉积在活性位点上，从而导致活性降低。相比之下，在焦炭不敏感型反应中，活性位点上形成的相对活跃的焦炭前驱体容易被氢（或其他汽化剂）清除。焦炭敏感型反应的实例包括催化裂化和氢解，焦炭不敏感型反应包括费托合成、催化重整和甲醇合成。在此分类的基础上，推断焦炭的结构和位置比其数量对催化活性的影响更重要。

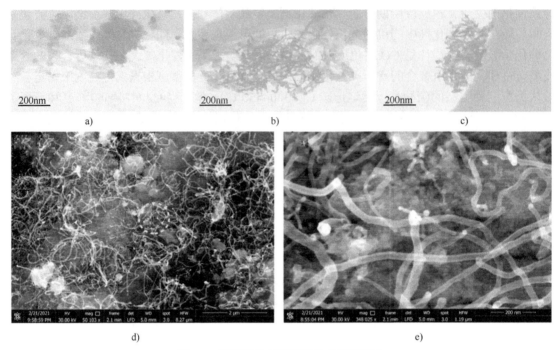

图 6-3　不同催化剂碳沉积物的微观形态

a）Ni/CeO$_2$-com　b）Ni/CeO$_2$-HT　c）Ni/Ce$_{0.9}$Eu$_{0.1}$O$_{1.95}$-HT　d 和 e）20%Ni/Al$_2$O$_3$

在给定的条件和给定的反应中，碳或焦炭的积累速度会因催化剂结构（金属类型、金属晶粒大小、促进剂和催化剂载体）的不同有很大的不同。例如，在 350℃以上负载型 Co、Fe 和 Ni 催化剂对促进 CO 和碳氢化合物形成丝状碳具有较高的活性，据报道，活性降低的顺序依次为 Fe、Co 和 Ni。另一方面，Pt、Ru 和 Rh 催化剂虽然在蒸汽重整中与 Ni、Co 或 Fe 同等或更活跃，但产生的焦炭和碳很少或不产生。这是由于碳在贵金属中的迁移率或溶解度有所降低，从而延缓了成核过程。因此，在贱金属中加入贵金属延缓碳的形成成了常用的方法。例如，在 Ni 中加入 Pt 可降低甲烷化过程中的碳沉积速率，而在 Ni 中加入 Cu 可显著降低蒸汽重整过程中的碳生成，Besenbacher 等人使用 STM（扫描隧道显微镜）发现，Au原子附近的 Ni 原子的电子密度增加，并且通过 DFT 计算发现，碳吸附强度在最近邻的 Ni原子上有所降低，通过研究 S 吸附对纯 Ni 上甲烷活化和石墨生成的影响，能够推断出甲烷解离所需的整体尺寸小于石墨生成所需的整体尺寸。

由于碳的形成和气化速率受金属晶体表面化学修饰的影响，而表面化学修饰又是催化剂结构的一个性质，氧化物添加剂或氧化物载体可用于减缓不需要的碳或焦炭的积累速度。Bartholomew 等人发现，在 350℃的温度条件下的甲烷化过程中，丝状碳沉积在镍上的速率按照 Ni/TiO$_2$、Ni/Al$_2$O$_3$、Ni/SiO$_2$ 的顺序降低，焦炭、石墨或丝状碳的形成涉及在多个原子位置形成 C—C 键，人们可能会认为焦炭或碳在金属上的形成是结构敏感的，即对表面结构和金属晶粒尺寸敏感。在 CO$_2$/CH$_4$ 重整过程中，含有较大 Pt 晶的催化剂比含有较小 Pt 晶的催化剂失活得更快。然而，在甲烷对镍的蒸汽重整过程中观察到的晶体尺寸效应似乎是相反的，即在含有较小金属晶体的催化剂中，丝状碳的形成率更高。

综上所述，碳或焦炭使负载金属失活的化学原因可能是化学吸附或碳化物形成，也可能是物理原因，如表面位点堵塞、金属晶体覆盖、孔隙堵塞和碳丝破坏催化剂球团。化学吸附的碳氢化合物、表面碳化物或相对活性的薄膜对催化位点的阻断通常在氢、蒸汽、二氧化碳或氧气中是可逆的。焦炭失活催化剂再生过程如图 6-4 所示。

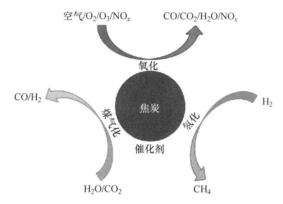

图 6-4　焦炭失活催化剂再生过程

通过空气（O_2）氧化轻松去除焦炭，在大多数工业过程中，通常用空气烧掉焦炭以重新活化废催化剂。然而，困难之一是焦炭燃烧的放热性可能会导致热点、局部高温梯度，并最终导致催化剂损坏。另一个问题是残留焦炭在氧化过程中会从脂肪族焦炭变成芳香族焦炭，使再生更加复杂。几种改进的再生方法可以在低温下去除焦炭，最大限度地提高再生效率，同时最大限度地减少催化剂破坏。例如，臭氧（O_3）用于在低温下再生结焦的 ZSM-5 催化剂，由于其强氧化性，O_3 可以在低得多的温度（50~200℃）下从催化剂中去除焦炭，低温条件下使用 O_3 氧化去除焦炭是一种有效的工艺，且热液降解、脱铝和金属烧结的风险较低。然而，O_3 氧化也有其缺点。一方面，由于 O_3 分解速度快，很难从催化剂颗粒中心去除焦炭。另一方面，O_3 在工业过程中的广泛使用受到限制，因为 O_3 排放过多会对大气造成破坏。

尽管焦炭氧化广泛用于再生失活的工业催化剂，但焦炭无法估价，并且会产生大量的 CO_2，会加剧全球变暖等重大环境问题。CO_2 作为原料与焦炭发生反应可充当温和的氧化剂，该反应称为 Reverse Boudouard（RB）反应。通过 CO_2 汽化再生焦化催化剂可将 CO_2 还原为 CO，有利于减少碳足迹。RB 反应过程为

$$C(s)+CO_2(g) \longrightarrow 2CO(g)+172kJ/mol$$

再生过程中，蒸汽作为汽化剂也可以减少二氧化碳的积累，并产生合成气（H_2 和 CO），反应过程为

$$C(s)+H_2O(g) \longrightarrow CO(g)+H_2(g)+131kJ/mol$$

煤的蒸汽气化是一种众所周知、广泛应用的工艺。然而，利用高温蒸汽清除催化剂表面沉积的焦炭时会破坏催化剂的结构，引发其永久性的活性丧失。因此，催化剂需具备一定的水热稳定性。

除焦也可通过非氧化处理来实现，例如，使用惰性气体热解或使用氢气或烷烃进行加氢裂化。在气相沉积碳纳米管（CNT）反应过程中，CNT 会在催化剂表面生长并将其覆盖，在 N_2 气体中，表面无定形碳的沉积导致催化剂逐渐失活，在此过程中未检测到碳氢化合物；在 H_2 气体中，催化剂维持着较好的活性，在此过程中检测到碳氢化合物的产生，显然，这

种加氢过程可以在一定程度上保护活性位点或表面不被覆盖或包裹，提高活性位点的数量和催化剂的反应性。每种再生方法都有其优点和缺点，具体取决于催化剂类型、失活机制和再生条件。

6.3 烧结失活

催化剂的烧结失活现象是指在高温条件下，催化剂中的金属颗粒发生团聚和生长，使比表面积减小，进而表面活性位点减少，最终引发催化剂失活的过程。在反应条件下，表面是动态的，即吸附剂和其他附着原子迅速重组表面，缓慢地产生面化。

烧结过程通常发生在高反应温度下（如 >500℃），水蒸气的存在可以加速烧结过程，烧结是热驱动引起的失活过程，失活由以下原因造成：

1）催化相的结晶生长导致催化表面积损失。

2）支撑物塌陷使支撑物面积损失和活性相结晶上的孔隙塌陷导致催化表面积损失。

有关烧结的研究主要集中在负载型金属催化剂上，有研究指出其烧结的两个主要机制为：①原子迁移。原子通过表面或气相从一个晶体分离并迁移到另一个晶体，这一过程使大晶体以消耗小晶体为代价进行生长，即 Ostwald 熟化。②晶体迁移。整个晶状体沿表面扩散然后发生碰撞和合并。烧结的概念模型如图 6-5 所示。在现实中，这两种简化的机制在烧结过程中可以同时发生，共同作用导致烧结发生，涉及更复杂的物理和化学现象。烧结的直接后果可能是颗粒生长和聚结，形状变形和活性纳米颗粒组成的变化，最终导致纳米催化剂活性的改变（通常是降低）或完全失活。

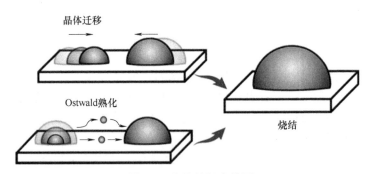

图 6-5　烧结的概念模型

关于在给定条件下烧结（或再分散）的机制，现有研究仍存在一些争议。然而，上述每种烧结机制都是对实际情况的一种简化处理，未考虑所有机制可能同时并存的可能性。烧结行为实际上可能是多个复杂的物理化学过程相互耦合的结果，包括以下过程：①金属原子或含金属分子从金属晶体中解离和发射；②金属原子或含金属分子在支撑表面上的吸附和捕获；③金属原子、含金属分子或金属晶体在支撑表面上的扩散；④金属或金属氧化物颗粒扩散；⑤金属或金属氧化物颗粒润湿支撑表面；⑥金属颗粒成核；⑦两个金属颗粒聚集或桥接；⑧金属颗粒捕获原子或分子；⑨液体形成；⑩通过形成挥发性化合物后金属挥发；⑪在 O_2 气体中，由于形成不同比体积的氧化物而使晶体分裂；⑫金属原子汽化。根据反应或再分散的条件，这些过程中的几个或全部都非常重要。一般来说，烧结过程在动力学上是缓慢且不可逆。

通过分析颗粒的烧结行为来推断烧结机制，能够从本质上为设计抗烧结催化剂提供理论指导。Yuan 等人通过原位透射电镜观察到金纳米颗粒在不同锐钛矿 TiO_2 表面上的原位烧结过程，该过程耦合了 Ostwald（奥斯特瓦尔德）熟化和颗粒迁移聚结，Au 纳米颗粒在 TiO_2（101）表面的烧结行为如图 6-6 所示，小的 Au 颗粒会先迁移和聚集成大颗粒，然后这些大颗粒通过 Ostwald 熟化机制与周围的小颗粒进一步烧结。Hu 等人则通过计算模拟研究发现，金属与载体间界面作用力的差异会触发不同的催化剂失活路径：在强烈的界面作用力下，催化剂倾向于通过 Ostwald 熟化过程失活；而在较弱的界面作用力下，则通过粒子的迁移与碰撞机制失活；当界面作用力适中时，催化剂的稳定性达到最优。

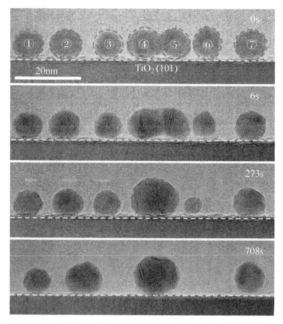

图 6-6 Au 纳米颗粒在 TiO_2（101）表面上的烧结行为

从概念上讲，任何导致颗粒表面能变化的因素都会在一定程度上影响烧结过程，温度、气氛环境、催化剂金属类型、分散 / 促进剂、杂质和支撑物表面积、孔隙率是影响烧结和再分散速率的主要参数。金属生长是一个高度活跃的过程，因此，尽管温度是烧结过程中最重要的变量，但反应气氛的差异也会影响烧结速率。特别是水蒸气，加速了氧化物载体的结晶和结构改性。因此，在含有数量较多的表面积载体的催化剂上，最大限度地降低高温反应中水蒸气的浓度至关重要。金属催化剂在氧化气氛中烧结较快，还原气氛中烧结较慢。在氧化气氛中，金属晶体的稳定性取决于金属氧化物的挥发性和金属氧化物 - 载体相互作用的强度。贵金属在空气中的稳定性依次为 Rh>Pt>Ir>Ru，挥发性 RuO_4 的形成是钌相对不稳定的原因。促进剂或杂质通过增加（如 Cl 和 S）或降低（如 O、Ca）载体上金属原子的迁移率来影响烧结和再分散。

烧结速率随温度升高呈指数增长，温度对金属和氧化物烧结的影响可以从物理上理解为表面原子解离和扩散的驱动力，因为原子扩散和晶体扩散这两种机制都需要断裂键（金属原子之间或晶体与下层表面之间）的激活过程，它们都与绝对熔点温度（T_{mp}）值成正比。因此，随着温度升高，表面原子的平均晶格振动增加；当达到 Hüttig（许蒂希）温度（$0.3T_{mp}$）时，缺陷位置（如边缘和角落位置）结合较弱的表面原子会解离并容易扩散到表面上，而在 Tamman（泰曼）温度（$0.5T_{mp}$）下，本体中的原子会变得可移动。因此，金属或金属氧化物的烧结速率在 Hüttig 温度和 Tamman 温度附近时非常高。金属或金属氧化物的相对热稳定性可根据 Hüttig 温度或 Tamman 温度进行关联，金属在氧气中相对快速地烧结，而熔点较高的金属往往具有较好的热稳定性。因此，提高催化剂熔点的措施可作为提高稳定性的一种方法，熔点降低则可能导致热稳定性下降，例如，在贱金属（如镍）中添加熔点较高的贵金属（如铑或钌）可以提高贱金属的热稳定性。选择低于金属（$0.3\sim0.5$）T_{mp} 的反应温度，降低金属元素的扩散系数，可以大大降低金属烧结速率。

研究证明，通过引入第二种熔点更高的金属，可以减少甚至完全抑制金属纳米粒子的烧结。Sinfelt 在 20 世纪 70 年代通过合金化稳定金属纳米粒子，开创性双金属催化剂（其中活性成分由两种不同的金属元素组成）开始，该领域已成为催化领域研究的焦点，改变双金属粒子中的原子组成和原子排列，可根据第二种金属的性质进行催化剂性能的调整。Anmin Cao 通过分散在 BHA（六铝酸钡）上的 Pt 纳米模型系统来展示这种合金化效应。如图 6-7a 所示，直径为 4nm 的单金属 Pt 纳米粒子在 500℃ 的温度条件下保持稳定。如图 6-7b 所示，将煅烧温度升高到 600℃，Pt 纳米颗粒产生强烈烧结，直径可达 20nm。将 Pt 纳米粒子与熔点比 Pt 高 200℃ 的 Rh 合金化，可大大提高金属纳米粒子的稳定性。如图 6-7c 所示，PtRh 合金纳米粒子（Pt：Rh=1:1，原子比）表现出非凡的热稳定性，在 850℃ 的温度条件下长时间煅烧，粒度分布没有明显变化。结果与预期相同，Pt 纳米催化剂的热稳定性与成分直接相关，Rh 含量越高，热稳定性越好。然而，Rh 含量较低的 PtRh 纳米粒子（Pt：Rh=3:1，原子比）并不简单地显示出比 PtRh 合金纳米粒子（Pt：Rh=1:1，原子比）更低的开始烧结的温度下，而是通过脱合金显示出相分离。如图 6-7d 所示，低熔点 Pt 选择性地从双金属粒子中渗出，导致剩余纳米粒子中的 Rh 含量增加。由于此过程形成了两种分布的纳米粒子，较大的纳米粒子（直径 $d\approx20nm$）是纯 Pt 纳米粒子，由双金属纳米粒子中脱落的高度移动的 Pt 聚集而成，而较小的粒子仍是 PtRh 合金，尽管 Rh 含量增加了。这种从 PtRh 纳米颗粒中蒸馏出低熔点 Pt 的过程导致双金属纳米颗粒牺牲自稳定性，由于 Rh 含量增加，其热稳定性随温度升高而不断提高。结果表明，双金属催化剂提供了一种直接的稳定纳米颗粒的方法，这种方法的独特之处在于它能自适应催化剂所处的最高反应温度。选择高熔点金属时必须小心谨慎，因为金属合金的熔点通常随成分高度非线性变化，合金化不仅会导致纳米颗粒的物理性质发生预期的变化（即热稳定性），还可能改变其化学性质发生变化，从而改变催化剂的催化活性和选择性。

因为团聚是烧结的必要前提，通过表面修饰，防止催化剂长距离移动，同时表面结构阻止了催化剂的聚结，减少烧结的发生，也起到隔离毒物的作用。如图 6-8 所示，表面涂层可提高纳米合金的结构稳定性。涂覆有 SiO_2 的 Ni 纳米粒子，SiO_2 涂层阻止了纳米粒子聚结，从而提高了结构稳定性。在干重整反应 20h 后，粒子结构几乎保持不变，如图 6-8b 所示。多孔 SiO_2 涂层允许环境中的气体接触 Ni 纳米粒子，因此，几乎不影响 Ni 纳米粒子的活性。Ni@SiO_2 结构的稳定性可以保持超过 90h，这可通过 CH_4 和 CO_2 的转化率随反应时间的变化来证明，如图 6-8c 所示。除了在催化剂表面产生厚表面涂层，另一种稳定纳米金属的方法是所谓的原子层沉积（ALD），如图 6-8d 所示。首先将活性材料负载在载体上，然后用数十个原子层的载体材料涂覆。由于 ALD 涂层与载体为同一种材料，因此它与催化剂中的纳米金属相容。与常规涂层相比，ALD 涂层薄的特性使其对催化活性的影响降到最低。图 6-8e 显示了具有 Al_2O_3 ALD 涂层的铂纳米粒子的 STEM-HAADF 图像。

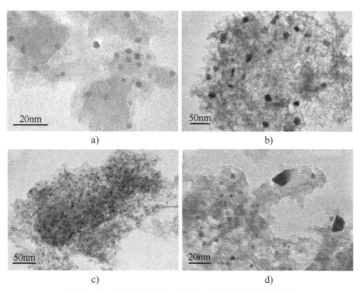

a）　　　　　　　　　　　　b）

c）　　　　　　　　　　　　d）

图 6-7　分散在 BHA 上的 Pt 纳米模型系统

a）在 500℃的温度下煅烧的 Pt-BHA 的 TEM 图像　　b）在 600℃的温度下煅烧的 PtRh 的 TEM 图像
c）在 850℃的温度下煅烧的 PtRh（1∶1）的 TEM 图像　　d）在 700℃的温度下煅烧的 PtRh（3∶1）的 TEM 图像

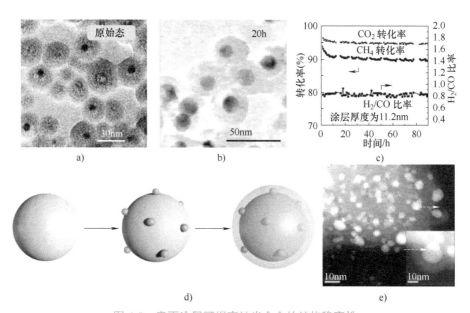

a）　　　　　　b）　　　　　　c）

d）　　　　　　e）

图 6-8　表面涂层可提高纳米合金的结构稳定性

烧结对催化活性的影响取决于反应本身。如果反应是结构敏感的，则比活性（基于催化表面积）随着烧结过程中金属晶粒尺寸的增加而增加或减少；如果反应是结构不敏感的，则比活性与金属晶粒尺寸的变化无关。因此，对于结构敏感的反应，烧结的影响可能被放大或减小；而对于结构不敏感反应，烧结原则上对比活性（单位表面积）没有影响。

6.4 化学降解失活

催化反应大多发生于催化剂的表面，反应物与催化剂表面反应，产生无活性的新相，导致催化剂完全失活。虽然化学降解失活的形式同中毒失活相同，但区别在于表面活性的丧失不是由于吸附物质，而是由于新相的形成。在 OER（析氧）反应中，催化剂钝化是常见的失活原因，在高电势或电流密度下，催化剂和基底电极之间的界面可能形成一层绝缘层，抑制电子传输并导致失活。在碱性电解质中会发生金属离子的溶解；然而，溶解的金属离子可以与电解质中的 OH^- 发生反应，在催化剂表面形成氢氧化物层，阻止其进一步溶解，从而具有很高的稳定性。Favaro 等人利用原位常压 XPS 和相应的数值模拟研究了碱性电解质中 OER 过程中 Pt 电极的近表面结构，如图 6-9 所示。在 Pt^0 基底上形成了一层含有 Pt^δ-OH_{ads}、$Pt^{(II)}$ 物质 $[Pt^{(II)}(OH)_2$ 和 $Pt^{(II)}O]$ 和 $Pt^{(IV)}O_2$ 的钝化层。

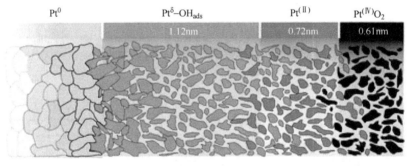

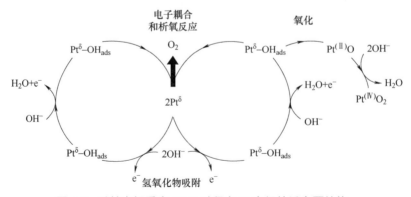

图 6-9 碱性电解质中 OER 过程中 Pt 电极的近表面结构

表面重构是指表面结构（如表面指数、台阶、平台等）的重塑，它直接改变催化活性位点的结构和分布，从而改变相关的催化性能。表面结构与催化活性之间有直接的关系。控制表面重构主要用于纳米颗粒催化剂中，因为颗粒直径达纳米级会导致较高的比表面能，这往往会将纳米合金重构为具有最低表面能的结构。该过程受到温度和气体分子等环境因素的强烈影响，这些因素会改变纳米合金的表面能，导致其表面重构。表面偏析是一种常见的化学分离形式，在合成催化剂反应中很常见。表面能最低的元素在表面富集。纳米合金催化剂通过合金化的方式增大了比表面积，提高了与反应物接触的概率，然而大比表面积增强了表面效应的驱动力，从而加速了与表面相关的化学分离，是纳米合金催化剂失活的一种途径。纳米合金的合金化模式在合成和催化过程中很容易被破坏或转变为其他合金化模式，导致催化剂成分和结构的变化，进而破坏其催化性能。

在 OER 反应中，催化剂溶解导致表面活性位点损失，为催化剂失活的重要原因之一。催化剂的溶解既发生于化学反应过程，也发生于电化学反应过程。化学溶解通常通过催化剂与电解质组分或杂质的相互作用发生，第一行过渡金属氧化物在中性或酸性电解质中不稳定，原因是在中性和酸性电解质中，OH^- 的浓度非常低，而最强的碱是金属氧化物，与质子（H^+）发生反应，导致溶解。Li 等人发现 Mn_2O_3、Mn_3O_4 基催化剂可以在酸性条件下通过与 H^+ 的反应溶解成 Mn^{2+}，反应式为

$$Mn_2O_3 + 2H^+ \longrightarrow \gamma - MnO_2 + Mn^{2+} + H_2O$$
$$Mn_3O_4 + 4H^+ \longrightarrow \gamma - MnO_2 + 2Mn^{2+} + 2H_2O$$

此外，Lutterman 等人研究了磷酸盐电解质（pH=7）中电化学沉积的钴磷酸盐复合物（CoPi，Pi 表示无机磷）的 OER，未施加电势时观察到 Co^{2+} 从催化剂中缓慢溶解，表明溶解是催化剂与电解质发生化学反应的结果。而电化学溶解则发生在施加电势后，导致催化剂氧化或还原，形成不稳定物质，分别导致氧化溶解和还原溶解。RuO_2 可以在酸性电解质中通过电化学氧化形成挥发性 RuO_4，反应式为

$$RuO_2 + 2H_2O \longrightarrow RuO_4 + 4H^+ + 4e^-$$

反应物与催化剂表面发生反应产生挥发性化合物，导致催化剂表面损失。直接汽化损失金属引起的催化剂失活通常是一个微不足道的途径，但在 CO、O_2、H_2S 和含卤素的环境中，形成挥发性化合物（如金属羰基氧化物、硫化物和卤化物）造成的大范围金属损失对催化剂有显著的影响。然而，挥发性氧化物形成的条件因金属而异；例如，RuO_3 可以在室温下形成，而 PtO_2 只能在温度超过约 500℃ 的情况下形成。

催化剂表面氧化，导致表面活性成分改性。在纳米金属材料催化剂中，由 Au、Pt、Pd 等贵金属元素以及 Cu、Ag、Ni 元素组成，由于低配位的表面原子具有悬垂的金属键，粒子表面的还原性大大提高，甚至 Au 和 Pt 等贵金属元素也可以被部分氧化，贵金属元素的氧化可以轻微到颗粒表面只有 1~2 个原子层，而其他金属原子的氧化可以深入到整个纳米颗粒被完全氧化，完全改变了催化剂的结构和功能。从动力学上讲，时间和温度越高，催化剂表面的氧化越严重，从而削弱其催化性能。图 6-10 所示为不同温度条件下氧化的铝催化剂的 TEM 图像。为了提高催化活性，通常需更高的操作温度，这会加速氧化动力学，因此，必须选择合适的操作温度，以优化催化活性和结构稳定性的组合。

图 6-10　不同温度条件下氧化的铝催化剂的 TEM 图像

a）800℃　b）900℃　c）1000℃　d）氧化后的空心颗粒的 HRTEM

　　此外，活性金属在不同氧化态之间的转变可能导致瞬态溶解。瞬态溶解是指由于过渡金属氧化态变化导致晶体结构紊乱而引起的溶解。例如，在氧化或还原过程中，从晶体结构中插入或移除氧原子会导致瞬态溶解。有人认为，低配位数或亚稳态过渡态参与了晶体结构的扰动，低配位数或亚稳态过渡态的物质会被溶解掉或从结构中排出。瞬态溶解多见于 Ru 和 Ir 基催化剂中，Hodnik 等人使用电化学流动池结合 ICP-MS（电感耦合等离子体质谱法）研究了酸性电解质中 OER 过程中 Ru 和 RuO_2 的溶解。Cherevko 等人认为，Ir 氧化物催化剂本身或在 OER 条件下形成的氧化物中间体可以在阴极处理过程中被还原，从而通过形成不稳定的复合物从氧化物转变为金属 Ir，该复合物部分溶解。

　　在脱氢、合成、部分氧化和全氧化反应中，固态转变反应使催化剂失活是复杂多组分催化剂降解的重要机制。工作催化剂中，大多数固态反应的基本原理：①活性催化相通常具有高表面积、高表面能的缺陷结构，因此是更稳定但活性较低相的前体；②基本反应过程本身可能触发活性相向非活性相的固态转化。

6.5　机械失活

　　催化剂从制造至工业应用的整个生命周期中，需历经造粒、浸渍、运输、投放、运行、关闭及排放等环节，这些环节均对催化剂的强度与使用寿命产生深远影响。制造过程作为起始点，直接决定了催化材料的性能特征、微观结构以及颗粒的尺寸与形态，进而对其力学性能产生基础性的影响。在后续的工艺步骤中，催化剂颗粒会经历结构重构，并需承受来自内部或外部的多种应力作用，图 6-11 所示为催化剂颗粒可能承受的应力。催化反应本身便是一个极为复杂的过程，对催化剂的强度构成了严峻考验。

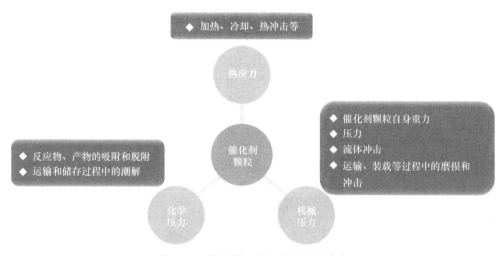

图 6-11 催化剂颗粒可能承受的应力

　　催化剂机械失活是应力作用导致其物理结构破坏而失去活性，是固体催化剂在工业催化中常见的一种失活方式。固体催化剂通常是混合金属氧化物的团聚体，或高熔点氧化物团聚体上的负载金属、金属氧化物和硫化物。固体催化剂被刻意制造成多种形状，如球状、片状、挤出物状、环状、颗粒状等，以优化的孔隙分布，从而提高孔隙率。

　　固体催化剂颗粒中大量存在孔隙、晶界、位错以及载体等多种缺陷，这些缺陷在实际生产环境中容易导致应力集中，使微裂纹不断膨胀，导致催化剂脆性断裂。图 6-12 所示为两种催化剂颗粒在破碎强度测试过程中的载荷 - 位移曲线，结果表明，球状颗粒在断裂发生之前经历的塑性变形非常小，弹性变形也很小。

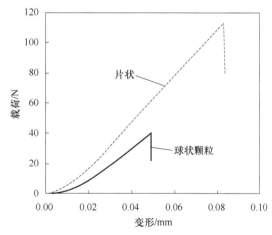

图 6-12 两种催化剂颗粒在破碎强度测试过程中的载荷 - 位移曲线

　　催化剂颗粒的断裂强度可由 Griffith 方程解释，即

$$\sigma_f = \sqrt{\frac{2E\gamma}{\pi c}}$$

式中，E 是弹性模量，又称为杨氏模量；γ 是比表面能，即产生单位面积的新裂纹表面所需

的能量；c 是裂纹的半长。Griffith 方程表明，断裂强度取决于催化剂本体中的弹性模量、表面能和裂纹大小，因此固体催化剂等脆性材料的断裂强度与材料的缺陷特性密切相关。

催化剂的机械失效有三种不同的形式：①催化剂本身强度较低，由于承受过量负载导致颗粒状或整体状催化剂破碎；②催化剂颗粒间的相互撞击或与反应器内壁的碰撞，导致颗粒尺寸减小或破损；③催化剂颗粒或整体涂层的侵蚀。加热或冷却过程可导致催化剂涂层的断裂和分离。催化剂颗粒内通过化学反应形成不同密度的相时产生的内应力，导致催化开裂，图 6-13 所示为不同形状破碎强度测试后的碎片。催化剂破碎后产生的碎片和细粉，会造成管道堵塞、流体流动分布不均、下游结垢等情况，从而降低生产率。

图 6-13　不同形状破碎强度测试后的碎片
a）球形颗粒　b）片状　c）工业应用后失效的商用催化剂碎片

固体催化剂的强度是工业催化中要考虑的关键参数之一。催化剂耐磨性越差，生产中所产生的损耗越大、成本越高。在制备、预处理和制造过程中的细微变化可以大大提高催化剂的团聚强度，在制造流程对催化材料的特性及其微观结构具有决定性影响，进而也塑造了材料的力学性能。因此，催化剂开发的重点之一为优化制造工艺，从而增强固体催化剂的力学性能，提高固体催化剂耐受、抵抗摩擦、撞击、重力等机械应力的能力。提高催化剂耐磨性和强度的一些有希望的替代方法：①改进制备方法，如溶胶-凝胶造粒、喷雾干燥和控制的沉淀方法来提高催化剂团聚体的强度和耐磨性；②添加黏合剂提高强度；③使用多孔坚固的材料；④对催化剂进行化学或热回火，以引入压应力，从而提高强度和耐磨性。此外，催化剂的机械失活还与反应器的配置方式、催化剂的负载模式及高度、具体的反应条件以及反应物的性质等因素密切相关。综上所述，对于催化剂机械失活的综合研究，必须涵盖其全生命周期内的所有关键环节，而不能局限于催化剂颗粒本身这一单一维度。

第7章

原位实验研究方法

7.1 原位透射电子显微技术

16 世纪末,随着光学显微镜的发明,人们首次具备了观察物体显微结构的能力,但是,由于可见光波长较长,光学显微镜分辨率受到了限制。1931 年,Ruska 利用加速电子获得波长极短的电子束,并开发出了可以调控电子束偏转的磁透镜,实现了透射电子显微技术(transmission electron microscopy,TEM)。TEM 的出现极大地推动了材料科学的发展,开启了微观尺度表征的新时代。如今,TEM 高分辨模式能够清晰地看到材料表面的原子排列,直接观察到晶体中局部区域的原子分布状态,如缺陷附近的原子偏聚、位错或晶界移动、空洞的分布等,TEM 已成为材料表征最重要的工具之一,而装备了球差校正器的透射电子显微镜的空间分辨率更是显著提高,可达到了亚埃级($1\text{Å}=10^{-10}\text{m}$)。

传统 TEM 通常只能在高真空条件下对材料进行静态表征分析,但材料在真空中的静态行为与在实际服役环境中的动态行为可能存在很大差异。而原位透射电子显微技术的出现,为材料在力、热、电、气体等多场耦合条件下进行深度表征开启了大门。如今,原位表征手段已经具有超高空间、时间和能量分辨率,为研究材料在服役环境下的演化提供了有力的观测手段。原位透射电子显微镜技术(in-situ TEM)始于 20 世纪 60 年代,最初是为了在不同温度下观察材料的行为而开发的。随着技术的进步,20 世纪 70 年代的改进使得原位实验观测更为精确和可控。到了 20 世纪 80 年代,气氛控制系统的引入让研究人员能够在不同气氛条件下研究材料的性能和行为。20 世纪 90 年代,随着纳米材料和纳米器件的发展,原位 TEM 的应用范围进一步扩展,涵盖了材料科学、纳米技术、催化剂研究等领域。进入 21 世纪后,原位 TEM 在多个方面取得了显著进展。高温和低温实验的扩展、环境气氛控制的改进、原位电子束辐照的应用、纳米尺度操作能力的提升,以及数据采集和分析的自动化,都极大地推动了该技术的发展,特别是在原位电子显微成像新技术、原位电子能谱分析与其他技术的融合,以及数据处理与机器学习方面的应用都取得了一定程度的发展。原位 TEM 的应用领域非常广泛,包括材料科学、纳米科学与技术、能源研究、生物科学以及界面和薄膜研究。特别是在催化剂研究、纳米电子器件、材料失效分析等方面有重要应用。在一定程度上,原位透射电子显微镜是人类眼睛的升级版本,可以更加准确地记录反应过程中的细节变化,动态捕捉实验过程中样品结构和形貌的变化。

7.2 原位透射电子显微技术在电池领域的应用

随着锂离子电池的蓬勃发展，原位 TEM 在 2010 年首次应用于电池电极材料反应机理的研究。借助原位 TEM，能够直观地观察到电极材料在电池反应过程中的形态和结构的演变，进而更深层次地揭示电池反应背后的物理和化学机制，为提升锂离子电池电化学性能提供有力的理论依据和实验支撑。原位 TEM 实验在揭示硅负极材料在锂化/脱锂过程中的结构演化、相变行为以及锂化动力学等方面发挥重要的作用。

原位 TEM 被用于探究电池电极材料在循环过程中的体积膨胀和开裂粉化现象，探明电极材料反应机理，原位实验装置示意图如图 7-1 所示，与半电池结构类似。其中，铂针尖一端是平台，在制备样品过程中会拾取一层均匀的活性颗粒粉末，对电极是黏附锂颗粒的钨针。施加电压时，在电路中会形成电场，促使锂离子向硅颗粒迁移。锂离子迁移到孔硅颗粒中，发生电化学反应形成硅锂化合物。另外，原位 TEM 具有较高的分辨率，结合能量色散 X 射线谱（EDS）和选区电子衍射（SAED）等，可以实现对电极材料微观结构、化学成分的实时分析，从而为电极材料的设计和研发提供依据和思路。

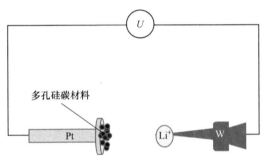

图 7-1　原位实验装置示意图

原位透射电子显微镜可以对电极材料循环过程中结构和成分的演变进行原位观察。Liu 等人利用原位 TEM 以原子级分辨率研究了单晶硅的电化学锂化过程，揭示了锂化界面迁移的微观机制。在 [110] 取向的硅纳米线锂化过程中观察到的台阶机制如图 7-2 所示。结果表明，在单晶硅与无定形 Li-Si 合金之间存在约 1nm 厚的锐利界面，锂化动力学受界面迁移控制。另外，单晶硅在首次锂化过程中，会发生非晶化转变，非晶化转变对应力的产生和断裂有明显影响。与晶体硅的断裂临界尺寸相比，非晶硅拥有更大的断裂临界尺寸和更为恒定的锂化反应速度。对褶皱石墨烯包覆的硅纳米颗粒锂化过程进行原位 TEM 观察，结果表明，在第一次锂化过程中，由于表面高导电性的褶皱石墨烯，所以硅纳米颗粒周围产生均匀的局部电压，硅纳米颗粒先是发生各向同性转变，然后变为各向异性转变，其锂化过程是快速和完全的。

Shen 等人通过原位和非原位 TEM 相结合的方法研究了多孔硅纳米颗粒和多孔硅纳米线的锂化行为，其结果表明，完全锂化后多孔硅纳米颗粒和多孔硅纳米线都转变为非晶锂硅合金。通过原位透射电子显微镜还观察到多孔硅纳米颗粒的临界断裂尺寸高达 1.52 μm。相比于固体硅纳米颗粒，多孔硅纳米颗粒可以更好地抑制内部孔隙的演变。固体硅纳米颗粒在演化过程中表现出从表面到中心的演化方式，而多孔硅纳米颗粒和纳米线表现出从端到端的演化方式。通过分子动力学模拟，可以证实三维多孔纳米结构对于相变有一定的影响。相比于固体硅材料，多孔硅材料是更理想的硅负极材料。Emily R.Adkins 等人使用原位 TEM 研究硅纳米线在锂化和脱锂过程中孔隙的演变。在锂化过程中，氧化物外壳可以抑制硅纳米线的体积膨胀，但是会在纳米线内部逐渐形成孔隙。具有氧化硅（SiO_x）壳层的硅纳米线在锂化/脱锂过程中的变化如图 7-3 所示。SiO_x 壳层对硅纳米线的锂化会产生一定的抑制作用，使得硅纳米线发生不完全锂化。典型的硅纳米线内部空位在形成孔隙之前会迁移到纳米线的表面，而在脱锂的过程中，包覆 SiO_x 壳层的硅纳米线在内部产生孔隙，多次循环后随着孔隙体积的膨胀，材料的体积也会增加。这是因为 SiO_x 壳层的空位扩散能垒（0.72eV）显著高于硅纳米线中的扩散能垒（0.45eV），而锂化后的 SiO_x 壳层的扩散能垒更高，氧化壳阻止了空位的迁移，Si/SiO_x 界面加速了空位的形成，结合界面处的额外应力，导致了孔隙的形成，并逐渐从纳米线表面积累到纳米线芯部，导致材料体积膨胀。

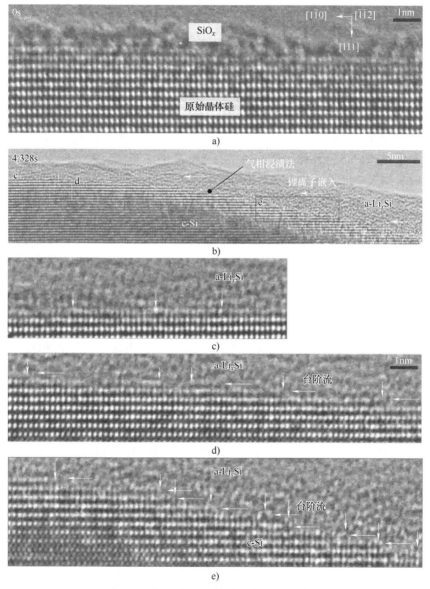

图 7-2　［110］取向的硅纳米线锂化过程

a）原始硅纳米线的高分辨率图像　b）部分锂化的硅纳米线的形貌　c）沿平坦 {111} 面的垂直刻蚀
d）形成台阶　e）台阶流动主导的锂化

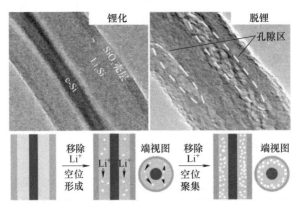

图 7-3 具有氧化硅（SiO_x）壳层的硅纳米线在锂化 / 脱锂过程中的变化

　　Xu 等人在硅纳米颗粒表面涂覆材料后进行碳化，得到由结晶硅核心和非晶态碳壳组成的复合纳米球。碳层不仅可以缓解硅材料的体积膨胀，还可以提升材料的导电性能。通过原位 TEM 可以观察到，在初级锂化阶段，该复合材料先进行各向同性转变，然后进行各向异性转变，而且锂化方式为从表面到中心。碳层的存在加快了锂化速度，并且硅颗粒从多裂纹粉碎转变成单裂纹粉碎。附着和嵌入碳纳米纤维的硅纳米颗粒的锂化行为的原位 TEM 观察结果表明，嵌入纳米纤维的硅纳米颗粒比附着的纳米颗粒在锂化时表现出延迟的特点，并且还会导致碳纤维的断裂。锂离子在脱锂之后会留下空位，颗粒多孔化，使复合材料在循环过程中的容量保持率降低。附着在碳纤维上的硅纳米颗粒展现出从表面到中心的锂化方式，相比之下，嵌入碳纤维的硅纳米颗粒的锂化则被延后。

7.3　原位透射电子显微技术在催化领域的应用

　　催化反应的研究主要通过模拟计算研究反应路径，结合传统的谱学分析，如 X 射线吸收光谱、X 射线光电子能谱、拉曼光谱、红外光谱，分析表面平均结构和化学组成，并不能提供原子尺度的结构和成分信息。气相原位实验作为研究催化反应一个重要手段，改变了传统催化研究中只能对反应始末、脱离反应环境后的材料进行表征的缺点，实现了直接在原子尺度原位观察多相催化过程中催化剂的真实变化，成为分析催化活性位点、表面形貌变化的重要工具。近年来，多数研究尝试直接观察催化反应发生的过程，然而直接观察气体分子仍存在很大的困难，气体分子信号较弱且与噪声信号相似，难以直观表征催化反应过程，而模拟数据又缺乏微观实验的支撑。大多数催化过程发生在非均相系统中，化学反应发生在催化剂纳米颗粒和反应介质之间的界面上，质量传递可能发生在催化剂暴露表面的几个原子层上，原子尺度的表面结构的细微变化会对催化效率产生重大影响。通过原位 TEM 观察催化剂表面原子的振动，摆脱直接成像气体分子的困难，从侧面反映气体分子与表面活性位点的反应规律，为模拟提供实验支持。原位数据蕴含的原子尺度信息量庞大，对单个活性位点进行分析的传统研究方式很难揭示整体催化活性的起源，研究活性位点在反应中随时间的演化，对研究催化剂失活、调控催化剂制备工艺有着重要的意义。

　　材料的表界面在许多物理和化学过程中扮演着重要角色，尤其当催化剂的尺寸减小至纳米级别时，其高的比表面积使得表面原子的配位环境与内部原子配位环境存在较大差异。这些表面原子通常被视为催化反应的活性位点，正因如此，纳米催化剂与块体催化剂相比，展现出了极佳的催化性能。作为催化剂与外界环境（气体、温度、压力等）相互作用的介质，催化剂表面对环境非常敏感，通常会动态响应环境的变化。在过去的几十年里，催化剂表面的表征主要在真空环境中进行，纳米催化剂在反应条件下的信息很少被研究，随着原位透射电子显微技术的发展，研究者可以在催化反应条件下观察纳米颗粒表面发生的变化，这对进一步建立结构-活性关系、设计高性能催化剂非常重要。

在理想情况下，对表面吸附和反应的气体分子直接成像可以为活性位点和催化机理提供最直接的证据，但是由于 C、N、O 等轻元素无法提供足够的成像信息，在 TEM 中对气体分子成像仍然困难。原位 TEM 可通过观测实验过程中表面的细微变化，从侧面为催化反应的发生提供实验证据。

当气体分子吸附在纳米颗粒表面时，会引起纳米颗粒表面结构的重构。Yuan 等人在原位 TEM 中引入水蒸气，观察 TiO_2 表面的动态结构演化，如图 7-4 所示。在 700℃ 的水蒸气环境 [>1mbar（$1bar=10^5Pa$）] 中，每个 Ti_{4c} 排的顶部出现了两个小凸起，若环境变为氧气或真空则凸起消失。排除了原子透射电子显微镜中的光束效应和散焦效应后，结合原位红外光谱和 DFT 计算，证实双凸出结构是水在 Ti_{4c} 原子排上有规律吸附的复合结构。将 CO 气体引入环境透射电子显微镜（ETEM）中，探究被吸附的分子在活性位点发生反应的位置和方式，在水-气转换反应（$H_2O + CO \longrightarrow H_2 + CO_2$）环境中，双凸出结构变得不稳定，对比度时而清晰时而模糊，表明稳定吸附的水基团与 CO 分子发生了反应，也证实了活性位点为 Ti_{4c} 位点。

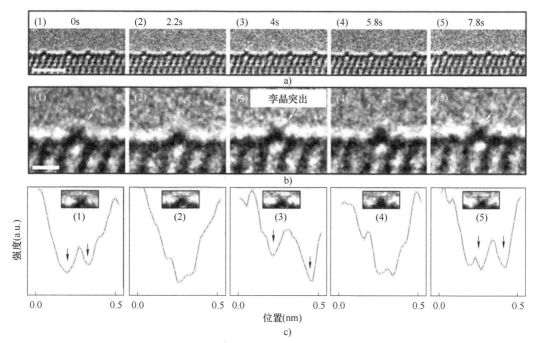

图 7-4 TiO_2 表面的动态结构演化

a）[010] 带轴的 ETEM 图像（标尺为 2nm） b）a）中线框所示位置的结构动态演变（标尺为 0.5nm）
c）沿线条的强度分布

在不同的气体环境下，纳米催化剂往往表现出不同的结构形貌变化。这是因为气体分子的吸附可引起表面原子的重构，吸附分子与表面原子之间的相互作用力会改变表面原子的配位数和键长。不同反应条件下 Pt 纳米颗粒的形状也不相同，同一纳米颗粒在 CO/O_2 环境下呈圆形，真空和 N_2 环境下呈多面体，而在 CO/ 空气、200℃的环境中（催化活性高），圆形 Pt 纳米粒子接近多面体，首次在原位 TEM 条件下观测到 Pt 纳米颗粒的形状与催化活性之间的关系。纳米颗粒与环境气体的相互作用也会影响其形态与晶体结构。在室温 CO 氧化反应条件下，Au 纳米团簇与 CO 分子间的相互作用，引发 Au 纳米团簇从有序到无序的结构转变。在这一过程中，Au 纳米团簇表面原子位置发生剧烈变化，结构发生了重新排列，形成了动态的低配位原子结构。Yuan 等人使用像差校正环境透射电子显微镜研究了低电子束剂量下 Ti 表面的 Au 纳米颗粒。在不同环境气氛中，Au 纳米颗粒在 TiO_2 表面的旋转如图 7-5 所示。在 CO/O_2 气氛中，观察到金纳米颗粒发生了约 9.5°的旋转，然后，当 CO 气氛被去除后，Au 纳米颗粒又回到了初始位置，通过密度函数理论计算，表面 Au 纳米颗粒的旋转是由界面处吸附氧分子覆盖率的变化诱导的。

通过原位 TEM 实验，人们加深了对催化反应的了解，认识到催化反应是动态的过程。在实际催化环境中的温度、压力、气氛等的共同作用下，催化剂表面的动态变化更为复杂，多维度的原位动态分析方式仍匮乏，从原位数据中提取出动态信息，并在原子水平上构建催化剂的动态构效关系，仍然是一个挑战。

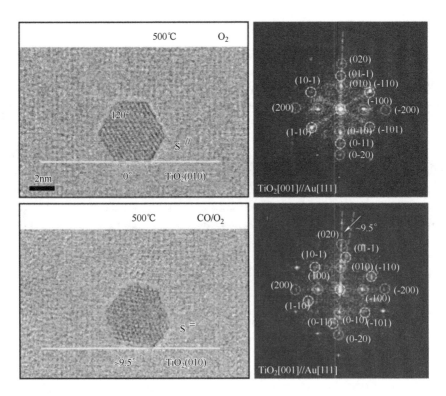

图 7-5　不同气体环境中的 Au 纳米颗粒在 TiO_2 表面的旋转

7.4　原位透射电子显微技术在纳米材料领域的应用

因为尺寸效应，纳米材料表现出与块体材料截然不同的物理化学特性，如高效的催化活性、优异的力学性能和新奇的电子特性，随着纳米技术的发展，纳米尺度的原位技术引起了极大的关注。自从 Hirsch 等人首次直接观察到铝中的位错以来，电子显微镜及相关原位技术的发展已经引领了材料力学研究的显著进步，如基于精细的微电子机械系统（MEMS）的技术。原位 TEM 能够在原子尺度上实时观察材料在力、热、电等外部刺激下的相应微观结构和动态行为，揭示材料的动态过程和机理，为纳米材料的研究提供了强有力的工具。通过原位 TEM，研究人员能够测量纳米材料的力学性能、电学性能以及铁电性能等，深入理解纳米材料的结构与性能之间的关系，为材料设计和优化提供了基础。原位 TEM 工作原理示意图和实验装置如图 7-6 所示。原位 TEM 在纳米材料领域的应用前景广阔，不仅能够增进我们对材料基本性质的理解，还能指导新型纳米材料的设计和应用。

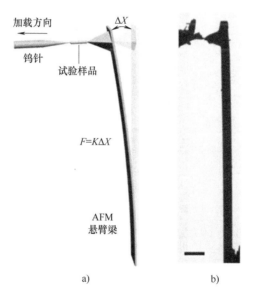

图 7-6　原位 TEM 工作原理示意图和实验装置

a）原位 TEM 工作原理示意图　b）原位 TEM 实验装置

图 7-7 所示为氧化锡（SnO_2）纳米线的原位循环伏安曲线和电阻测量。可以从原位 TEM 图像中观察到接触的形成，并且，电学测量也显示了明显的电流突变。输入 / 输出电信号的测量为材料的动态响应提供了定量的概念。Mehdi 等人使用原位 TEM 定量研究了在 LiPF6/PC 电解液中铂（Pt）工作电极上的锂（Li）沉积和溶解过程。如图 7-7d 所示，由于锂的原子序数低于碳和铂，因此很容易将锂与固体电解质界面（SEI）层区分。通过将锂沉积序列的图像与获取和校准的循环伏安法相关联，可直接在纳米尺度上定量电沉积和电解质分解过程。这项工作展示了原位 TEM 在快速可视化测试电池系统中各种电极 / 电解液组合的电化学性质方面的能力。

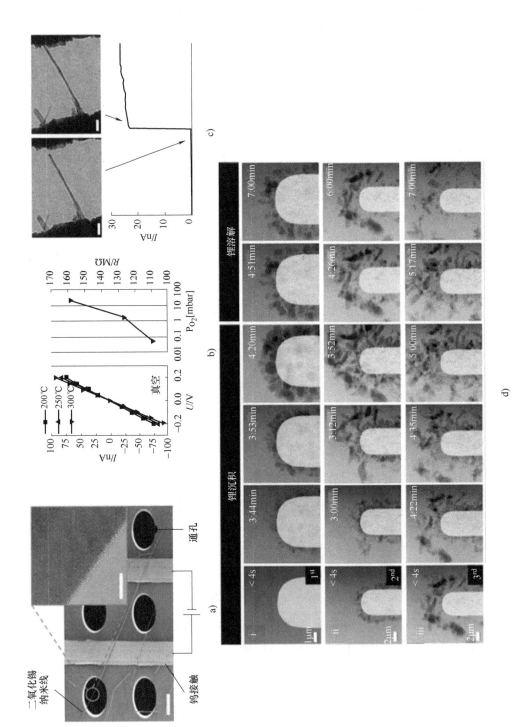

图 7-7　氧化锡（SnO₂）纳米线的原位循环伏安曲线和电阻测量

a）W 触点之间的 SnO₂ 纳米线（直径为 125nm）　b）SnO₂ 纳米线的原位电学测量　c）氧化铜纳米线的 TEM 图像和电学测量
d）铂与 LiPF6/PC 电解质界面上的锂沉积和溶解的 HAADF 图像

　　铁电材料本身是一种具备铁电特性的物质，所谓的铁电性，即指当材料在受到外部电场作用时能够极化，并且在电场移除后，仍能维持其极化状态的性质。当铁电材料的尺寸减小到纳米尺度时，可展现出一些独特的物理化学特性。铁电材料的使用源于其利用电场成核和移动极化域的能力。观察极化域的成核和运动对于理解铁电开关的机制至关重要。Nelson等人在透射电子显微镜（TEM）中使用偏置装置激发铁电开关，直接观察了极化域的演变。TEM 图像的对比度清晰展示了极化域的演变。近界面切换如图 7-8 所示。此外，图 7-8b 界面域边缘的极化分布的高分辨率图像清楚展示了缺陷对域壁的钉扎效应，为开发非易失性铁电存储器提供了关键思路。配备偏置装置的原位 TEM 也可用来激发电阻切换，纳米尺度的电阻切换作为非易失性存储器和可重构逻辑应用的候选已经得到了广泛的研究。电阻切换效应通常被认为是在电极上形成的导电丝引起的。因此，理解丝状物生长机制对于更好地设计基于电阻切换的设备至关重要。凭借高空间分辨率和测试电子特性的能力，配备偏置装置的

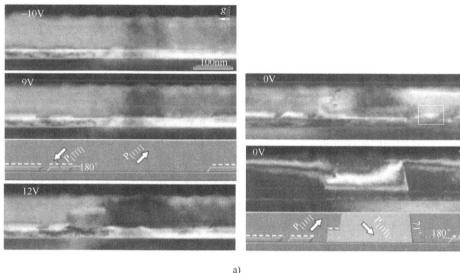

a)

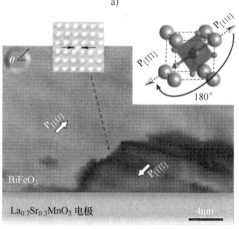

b)

图 7-8　近界面切换

a）不同衍射矢量获得的不同电压下 $BiFeO_3$ 横截面 TEM 照片

b）高分辨高角环形暗场像展示的界面域边缘的极化分布

原位 TEM 可能是揭示电阻切换过程中丝状物生长细节最方便和直观的方法。例如，Yang 等人对在 W 探针上制造 Ag/α-Si/W 电阻存储器中导电丝动态进行了原位观察，并有相应的 *I-t* 曲线可以指示导电状态。丝状物的生长从活性电极开始，并伴随着过程的进行，丝状物逐渐从活性电极向惰性电极延伸，在此过程中产生了分散的金属颗粒。令人惊讶的是，他们发现收缩可以从丝状物/惰性电极界面开始。

电子显微镜及相关原位技术能够实时以原子级分辨率可视化变形过程，并同时记录力-位移信号。用于材料力学原位 TEM 研究的仪器有很多，包括可以对薄膜样品施加拉伸应变的拉伸架、可以操纵冲头对纳米尺寸样品进行拉伸的 STM-TEM 架、可以记录连续拉伸过程中施加应力的 AFM-TEM 架、以及同时记录应力和位移的基于 MEMS 的架，几十年来，这些技术已被广泛应用于研究纳米材料的力学性能，包括模量、强度、延展性、黏附性、疲劳抗力等，同时确定包括位错活动、孪生机制、相变、原子扩散、裂纹等在内的基本机制。这些研究极大地丰富了我们对纳米材料结构-性能关系的认识，以及晶体在力学刺激下的基本行为。

众所周知，材料的力学性能与晶体尺寸密切相关。尺寸效应通常通过原子力显微镜或扫描电子显微镜进行研究。尽管这两种技术都能在微米尺度上研究材料，并拥有处理数据的成熟公式，但它们在直接解析样品内部缺陷演变方面的能力非常有限，因此，无法建立变形机制与力学性能之间的直接关联。相比之下，原位 TEM 提供了更高的空间分辨率，能够直接可视化晶体的微观结构，结合力和位移传感器，能够在亚纳米尺度上直接测量材料的力学性能，并实时可视化弹性/塑性事件。一个典型的实例是探测纳米晶体的基本力学行为，并阐明"越小越强"趋势的起源。通过使用电机械共振方法，可直接使用原位 TEM 测量纳米线的弹性模量。然后揭示一个普遍趋势，即直径较小的碳纳米管具有更高的弹性模量。后来，相同的测量方法被用于发现氧化锌纳米线的相同趋势。此外，原位 TEM 对纳米线表面的成像揭示了表面区域与纳米线内部之间的结构差异，为测量趋势提供了基本的理解。

TEM 内的定量压缩测试揭示了更多关于"越小越强"趋势的信息。研究人员直接观察了 150~400nm 单晶镍柱的塑性变形，压缩方向为 <111> 镍柱的 TEM 图像如图 7-9 所示。在压缩下，纳米柱内已有的位错将被激活，并在新位错成核之前逐渐从侧表面移出纳米柱。这个过程导致的结果类似于传统的热退火过程，其中材料内部的位错密度逐渐减少到零。因此，他们将这种现象命名为"机械退火"。他们还观察到，随着柱子变为无位错状态，纳米柱的强度增加，随后的变形由位错成核控制，显然，这要困难得多。这些观察结果建立了纳米晶体高强度与无缺陷状态之间的直接关联，并表明纳米晶体的变形基本上受位错源的限制。

较高的位错成核应力导致纳米晶体内部产生更大的弹性应变。通过在 TEM 内部直接对纳米晶体进行应变，已经很好地展示了纳米晶体具有异常的弹性应变能力。值得注意的是，可根据高分辨透射电子显微镜（HRTEM）图像或选区衍射花样直接测量的晶格间距来计算弹性应变。研究表明，铜纳米线可以承受约 7% 的弹性应变，这比块体样品高出一个数量级。在变形载体几乎不涉及的条件下，这种弹性应变容忍度可以更高。例如，Wang 等人的研究报告称，弯曲的镍纳米线中的剪切应变可高达 34%，接近材料的理论极限。高密度的孪晶界也被证明能限制来自样品表面的缺陷成核，从而提高材料的强度。通过使用原位 TEM-AFM 设置，对具有不同密度孪晶界金纳米线的强度进行了表征；结果表明，具有高密度孪晶界的金纳米线比没有孪晶界的纳米线强度要高得多，且强度可达到材料的理论强度。除了捕捉屈服强度和机制外，原位 AFM-TEM 设置还可用于测量界面之间的黏附力。Zhang 等人开发了一种原位

AFM-ETEM 方法，用于测量两个 TiO_2 金红石晶体界面上的黏附力。图 7-10 所示为一个典型的接近和拉回的力 - 位移曲线及相应的 TEM 图像。跳变接触力和跳变非接触力被清晰捕获。当原位 ETEM 和两个晶体的选区衍射相结合时，明确揭示了黏附力对水蒸气压力和接触晶体表面相互取向的依赖性，从而清楚地解释了范德华力本质上是纳米粒子定向聚集的驱动力。

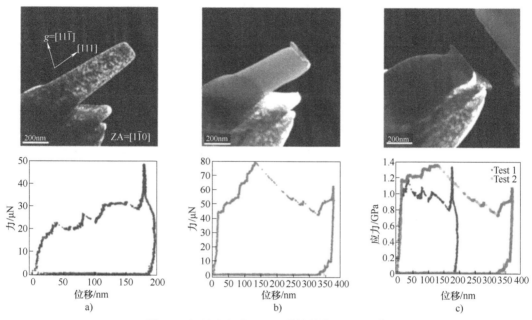

图 7-9　压缩方向为 <111> 的镍柱的 TEM 图像

a）测试前　b）第一次测试后　c）第二次测试后

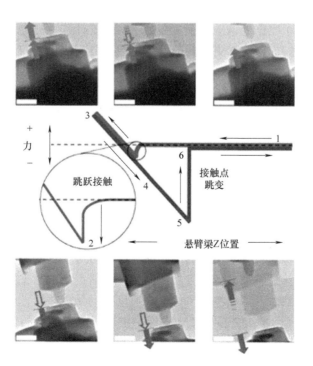

图 7-10　一个典型的接近和拉回的力 - 位移曲线及相应的 TEM 图像

上述内容仅简要涉及了原位 TEM 在力学和电学等研究中的应用。凭借获取原子尺度结构演变信息的独特能力，原位 TEM 测试还提供了对这些引人入胜事实起源的洞察和理解，这对支持材料科学、纳米技术、物理学、化学和生物学等多个学科领域的研究设计非常有帮助。

7.5　原位透射电子显微技术的发展趋势

尽管原位 TEM 不断进步，但研究者们在进行原位透射电子显微镜实验时，可能会面临数据分析、环境控制、多模态成像以及大尺寸试样观察等挑战，这些挑战在一定程度上会对实验结果的准确性、样品的代表性、实验的可重复性以及研究的深度和广度产生影响。为了克服这些挑战，研究人员需要不断优化实验设计、改进设备性能、发展新的数据处理技术，探索更有效的实验方法。

新型相机和成像模式（如 4D-STEM）使 TEM 数据采集速度不断提高。面对巨大的数据量，尤其是高分辨原子像，目前主要依赖人工的 TEM 图像分析方式，这已经成为限制电子显微镜技术尤其是原位透射电子显微技术发展的主要因素。此外，人工处理需要专业知识和花费大量的时间，面对大量的原位实验数据，难以实现高效的统计分析，因此开发高分辨图像的高通量处理与分析方法至关重要。

目前，电子显微镜分辨率的硬件提升需要消耗大量资金，除了不断提升硬件设备，发展完善相应配套的高通量数据处理软件也是提升高分辨显微能力的一个有效途径。面对大量的高分辨显微数据，人类的经验直觉分析已相形见绌。随着计算机技术的飞速进步，智能化与自动化的新时代已翩然而至，计算机所展现出的超凡算力极大地增强了人们的工作效率。当计算机技术与人工智能技术快速、精准的分析计算能力、电子显微镜图像处理相融合时，势必将材料表征图像的处理速度推向新的高度。面对大量数据时，计算机可以多线程同时处理多组数据，显著地提升了数据处理的效率。在关于信息统计和特征提取上，计算机可根据用户需求筛选、分析提取特征，给出更直观的可视化数据分析结果。如今，电子显微镜技术已开始走向智能化和自动化。目前，TEM 的硬件控制和实验参数可通过软件智能调节，大幅降低了用户的操作难度。在人工智能高速发展的时代，AI 与电子显微镜的结合已经成了一个颇有潜力的新方向，目前，在扫描电子显微镜上已经实现了析出相的高通量识别、特征提取与统计计算，然而扫描电子显微镜的尺度远达不到原子级别，无法聚焦于纳米领域。电子显微镜厂家也推出商用成品软件，但功能过于宽泛，无法聚焦于真正的领域。TEM 的高通量、原子尺寸特征分析仍有很大的缺口。

近年来，随着人工智能技术的不断发展，数据驱动的研究范式逐渐成了主流，机器学习的引入改变了材料科学传统试错法的研究模式，计算机的强大算力在新材料的开发预测与工艺性能改进等领域大放异彩。在材料科学的研究中，通过电子显微镜表征来推断材料的微观组织结构，并利用结构信息去预测材料的性能、服役行为，这些经验是需要长期的实验重复才能得到论证推广。伴随图像采集设备的不断更新，所产生的数据集的规模和质量呈指数级增长。传统人工分析费时且数据少。考虑宏观尺度下的微观差异，获得的数据往往不具有统计性，急需发展高通量、高效提取 TEM 图像中物理、化学信息的分析技术。深度学习分析在处理大量实验结果方面具有独特的能力，为材料表征数据的分析处理带来完美的解决方案，可以通过 AI 提取图像组织结构信息，构建数学模型预测材料的性能、构建数据库，实现原位数据流的实时分析，极大地加速了材料表征的速度。

目前，TEM 的高分辨模式已经可以获得原子级分辨率图像，这些图像里包含了原子系数、晶格参数、晶格类型、样品取向及缺陷等复杂信息。深度学习网络检索结构信息如图 7-11 所示，通过对原子柱的定位可以定量解释其中的信息。例如，透射电子显微镜进行变形测绘，是基于成像的方法量化了原子柱或晶格条纹在真实空间中的高分辨率图像的位移，需要识别并获取图像中的原子位置来进行应变分析。由于一张 HRTEM 图像可包含数千个原子列，图像中隐藏着原子位置、键长、键角、排列方式等信息，自动且高效地提取图像中隐藏的信息成了一个重要方向。

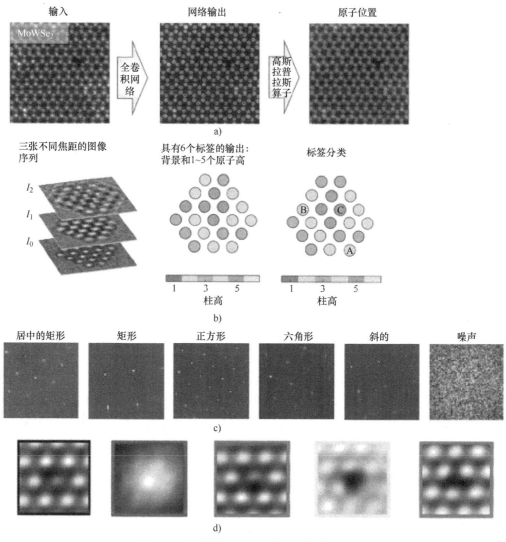

图 7-11 深度学习网络检索结构信息
a) 原子位置 b) 列高度 c) 晶格类型 d) 缺陷类型

Q.Zhang 等人在 MATLAB™ 中开发了 CalAtom 的软件工具，用于（扫描）透射电子显微镜图像中的原子柱定量分析。该软件提供了三种高精度确定原子柱位置的算法：矩量法、基于模型的方法和多椭圆拟合方法。基于测量位置，该软件为进一步分析提供了几个选项，如原子柱的平面尺度局部环境，局部初等组成和图像图案的实空间平均。以 $MoS_{2(1-x)}Se_{2x}$ 单分子层的 HAADF-STEM 实验图像为例，首先利用 MEF（多曝光融合）方法确定原子柱的位置。原子柱的伪彩色显示直观地说明了原子柱的形状和中心；通过计算每个原子列的平均强度，可得到一个局部元素图。映射计算中，利用原子的相对位置（原子列）来区分 Mo 和 X_2 的位点，特别是采用均值位移聚类法的无监督分类算法，在 X_2 位点上实现了适当的元素分类，揭示了 Se 原子主要沿 MoS_2 单分子层的晶界掺杂。

图像处理算法的组合使用可以精确识别每个图像中原子列的位置，结合几何模型测量相邻原子列之间的距离和角度的时间演化，可以识别不同的相位并量化局部结构波动。应用该技术测定了单壁碳纳米管生长过程中钴催化剂纳米颗粒中金属相和金属碳化物相的相对分数的原子水平波动。这些测量提供了一种方法来获得进入催化剂颗粒和从催化剂颗粒中释放的碳原子的数量，帮助了解单壁碳纳米管生长过程中的碳反应途径。除了减少数据分析时间，统计方法还允许我们以亚像素分辨率测量原子距离，且该方法可以普遍适用于测量任何一组原子分辨率视频图像的原子位置，精度为 0.01nm。为解决未来定量时间分辨率图像大数据集的计量问题提供了一种新方法。

随机噪声和图像失真也会导致 STEM 图像中的峰值位置与实际原子位置不精确对应等情况，利用先进的数据驱动分析方法，可实现原子尺度上高精度应变测量。Maksov 等人对分层 WS_2 的动态 STEM 成像中的缺陷结构和相位演变进行了无监督分类和分析。用录像的第一帧图像训练 CNN（卷积神经网络），以检测电子束下掺钼 WS_2 的运动缺陷，并推广了其余帧的模型。然后，同一组沿着空间和时间维度使用的高斯混合模型（GMM）将所有缺陷聚类成五组。用于区分并提供了这些不同缺陷的轨迹的可视化，经过训练的 CNN 神经网络模型能够识别显性点缺陷，分析选定缺陷种类的扩散，并研究缺陷的演化途径。深度卷积神经网络对缺陷定位的无监督分类，如图 7-12 所示。

基于深度神经网络开发的模型，可实现对晶格中原子的位置、缺陷结构类型和位置的识别，以及复杂缺陷转变的追踪。通过卷积神经网络从图像像素的化学物质位置、键配位、键长和键角的分类过渡到化学缺陷分类，对表面缺陷的各种化学和结构转变进行观察，并利用键长、键角等化学特征确定缺陷的位置和化学结构对"反应"的单独影响。随着 GPT（生成式训练模型）等新型技术的发展，未来科技的发展趋向智能化。人工智能与电子显微学相结合，是未来电子显微镜发展的主流方向。目前，电子显微镜技术只集中在图像的结构信息提取上，如形态、相位、缺陷等的识别和跟踪，凭借未来人工智能技术的不断发展，实现电子显微镜数据材料自动化分析不再遥远。

实验过程需要在特定的温度、气氛或其他条件下进行，以模拟材料的实际工作环境。传统的 TEM 是在高真空环境下进行的，但许多材料在实际使用中会遇到不同的气体、高低温以及不同的压力环境。在原位 TEM 中引入特定气氛，如氧气、氢气或其他化学气体，对实验设备和技术提出了更高要求。通过对原位样品杆、原位加热台技术以及对 TEM 压力系统的不断结合对试样环境进行调控。未来的原位 TEM 技术将更加注重对材料环境的精确控制和操作，如实时监测和调节温度、压力、气氛等环境参数，以更好地模拟材料在实际工作条件下的行为。随着研究的深入，单一的成像技术可能无法满足对材料多方面性质的全面分析。原位 TEM 可以与其他表征技术融合，如原位 X 射线衍射、原位拉曼光谱等，以实现多模态成像和谱学分析，提供更全面、综合的材料信息，这种整合将推动对材料的深入理解，尤其是在动态过程中材料行为的观察。一些研究院已建成包括显微成像、分子成像等在内的多模态成像平台，这将为原位 TEM 提供更强大的支持和服务。原位 TEM 主要适用于小尺寸样品的观察，在大样品的原位观察时仍存在挑战。未来将着重解决大样品观察的挑战，如开发高通量的样品支架和探测器设计，以实现大样品的原位观察。

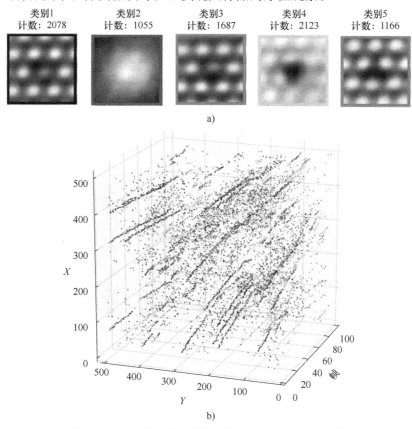

图 7-12　深度卷积神经网络对缺陷定位的无监督分类

a）将 GMM 分解为五个类别的结果　　b）点缺陷随时间演化（颜色方案与图 a 相同）

7.6　其他原位表征技术的应用

除原位透射电子显微技术之外，原位表征技术领域还涌现出了如原位扫描电子显微镜、原子力显微镜（AFM）、原位 X 射线衍射技术等一系列先进技术。这些技术均可对材料的微观结构、成分及物相的动态演变过程展现出了强大的观测能力，为材料科学研究提供至关重要的相转变、成分变化及材料失效机理等信息。

对扫描电子显微镜配备原位力学拉伸台以及加热台，能够揭示力热耦合作用下材料微观组织的演变规律及开裂失效的原位细节。结合电子背散射衍射（EBSD）技术，如图 7-13 所示，可揭示材料在承受外加载荷时，其晶体取向、晶界特性及相变过程的动态变化，为优化材料设计与加工工艺提供了宝贵的参考依据。

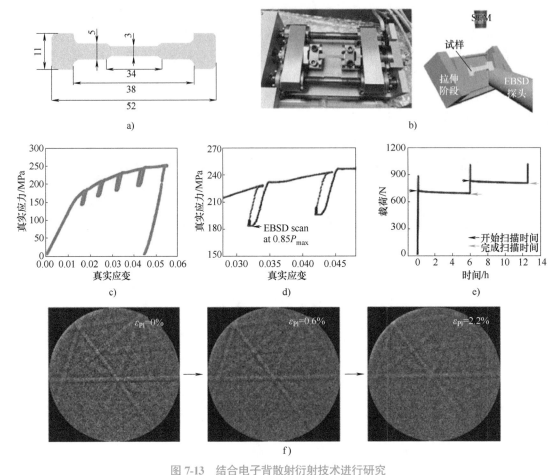

图 7-13　结合电子背散射衍射技术进行研究

a）拉伸试样尺寸　b）原位 SEM 拉伸试验机　c）Mg-4Al 的真实应力 - 应变曲线　d）图 c 的放大图（保持位移以进行 EBSD 分析）　e）EBSD 扫描期间的载荷 - 时间曲线　f）菊池花样图案

不同的原位表征技术，在电池材料的研发扮演着至关重要的角色，尤其为新型电池材料的创新研发注入了强劲动力。通过原位 / 原位成像可视化金属基电池中的枝晶形态变化如图 7-14 所示。原位 AFM 技术则能够在原子尺度上精细分析固体材料的表面特征，包括表面高度、形态以及电极的纳米级物理化学性质。通过精确测量表面粗糙度值的变化与枝晶的形成过程，AFM 为深入理解电池降解机制提供了有力支持；借助原位电化学液体池，通过 TEM 研究人员得以直接观察锂枝晶的生长过程，并发现不同循环时间下枝晶形态的变化规律；原位三维激光扫描共聚焦显微镜（LSCM）被用于分析钠金属阳极的沉积过程，通过实时监测树突在不同电位下的演变，为探究钠枝晶的形成机制提供了有力的数据支撑；原位 X 射线显微镜（XM）与原位光学显微镜（OM）则可以分析观察不同电流密度下镁阳极的形态变化。原位表征技术的不断发展与应用，极大地推动了材料科学研究的深入与拓展。这些技术不仅为研究人员提供了丰富的实验数据，还帮助他们深入理解和解决与金属阳极相关的复杂问题，进而为提高金属基电池的性能与安全性奠定了坚实的基础。原位表征技术已成为材料科学研究中不可或缺的重要工具，对推动材料科学的进步与发展具有举足轻重的意义。

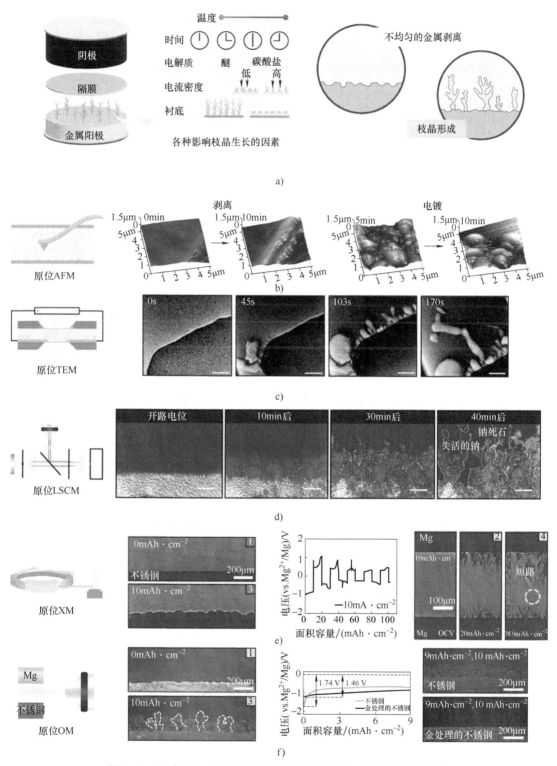

图 7-14　通过原位 / 原位成像可视化金属基电池中的枝晶形态变化

a）金属阳极的结构演变　b）阳极锂的形态演变　c）原位透射电子显微镜　d）阳极钠的形态演变

e）阳极镁的形态演变　f）原位光学显微镜

第 8 章

服役损伤机理的模拟研究方法

材料服役损伤机理的分析面临着多个严峻的问题，一方面材料严苛的服役条件难以监测和重现，另一方面材料失效可能是一个极其漫长的过程。通过模拟手段揭示材料服役的损伤机理无疑可以避免上述问题。服役损伤机理的模拟研究是指通过一系列科学手段和技术，模拟和预测材料、结构或设备在实际服役环境中可能遭受的损伤过程及机理。这种方法旨在深入理解损伤的起因、发展、演变及其对材料性能、结构完整性和设备可靠性的影响，进而为预防材料失效提供理论支持。通过模拟实际服役环境中设备的损伤情况，以评估其性能、耐久性和安全性。

服役损伤的机理分析需基于材料科学、力学、化学等学科的基础理论，分析损伤产生的物理、化学机制。分析材料在不同服役条件下的失效行为及其特性和机理，如氢脆、疲劳、腐蚀、磨损、蠕变等。通常采取两类分析方法，分别是计算材料学理论模拟和严苛条件下加速实验。前者通过构建合理的理论模型，基于相应的计算理论和方法模拟材料在服役过程中的失效行为，进一步获取失效过程中的多种数据，以揭示相应机理。通过实验室实验或现场测试，收集实际服役环境中的损伤数据，加速实验广泛应用以缩短实验周期，通过提高实验条件（如温度、压力、载荷等）来加速损伤过程，从而快速获得损伤数据。

在实际过程中，往往是实验与模拟相互结合，近年来多尺度模拟在损伤机理的模拟中发挥越来越重要的作用，由于损伤过程往往涉及多个尺度（如原子尺度、微观尺度、宏观尺度），利用多尺度模拟将不同尺度的模拟结果相互关联，建立跨尺度的损伤模型，更全面地描述损伤机理。近年来，随着人工智能技术的发展，机器学习和深度学习也越来越多地应用于实验和模拟数据处理和分析中，提取有用信息，如损伤类型、位置、程度等。基于数据分析结果，评估材料的损伤程度、剩余使用寿命和安全性，为维修决策提供依据。本章节主要介绍利用模拟研究方法揭示材料失效行为的计算方法和相关案例。

8.1 计算材料学常用的理论模拟方法

物理学家一直致力于寻求大统一理论，可以将强、弱电磁的相互作用统一在一个理论框架下，但目前仍未有一个理论可以完成上述目标。同样，在计算材料学中也面临相似的困境，难以用一个理论或计算方法实现从原子尺度到宏观尺度的计算模拟。常见计算方法的尺度示例图如图 8-1 所示，图中尺度不断增大的示例分别为三磷酸腺苷（ATP）分子、高温氧化铜超导体、太阳能电池的异质结构、锂电池中的金属电解质界面、DNA 结构、蛋白质结构模型和具有裂缝的弹性材料模型，不同尺度往往采用不同的理论和计算方法，不同尺度及其对应的理论方法如下：

1）纳观尺度（纳米尺度或原子尺度），其理论方法包括密度泛函理论（DFT）、量子蒙特卡罗（QMC）、哈特里 - 福克方法（HF）等，主要关注电子结构和原子间的相互作用。

2）微观尺度（微米尺度或分子尺度），其理论方法包括经典分子动力学（MD）、反应力场（ReaxFF）、蒙特卡罗模拟（MC）等，主要关注原子和分子的运动和相互作用。

3）介观尺度，其理论方法包括相场法（phase field method）、细观力学（micromechanics）、离散元法（DEM）等，主要关注介观结构（如晶粒和晶界）的演化和相互作用。

4）宏观尺度（连续介质尺度），其理论方法包括有限元法（FEM）、有限差分法（FDM）等，主要关注材料的宏观力学行为和热力学性质。

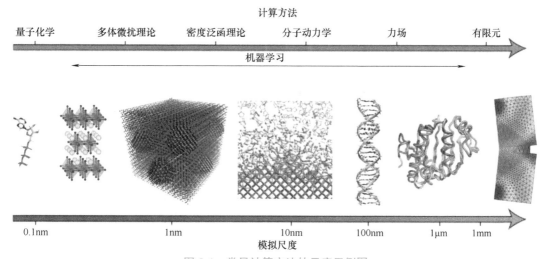

图 8-1　常见计算方法的尺度示例图

8.1.1　纳观尺度常用的计算软件

纳观尺度常用的第一性原理计算是一种基于量子力学原理，通过直接求解体系的薛定谔方程（或其等效形式）来预测材料性质的方法。在这一领域，存在多种常用的计算软件工具，它们各自具有不同的特点和优势，具体如下：

（1）VASP（Vienna Ab-initio Simulation Package）　VASP 是当前最流行和广泛应用的第一性原理计算软件之一。该软件基于密度泛函理论（DFT），采用平面波赝势方法。VASP 提供了元素周期表中大多数元素的赝势，具有较高的精度和可移植性。它支持多种计算方法，包括广义梯度近似（GGA）、局部密度近似（LDA）及自旋密度近似，通过自洽迭代求解 Kohn-Sham（科恩 - 沈）方程。VASP 主要用于电子结构计算和量子力学分子动力学，在周期性体系、金属和团簇等领域展现出卓越的计算性能。

（2）Gaussian　Gaussian 是量子化学计算中最流行的软件之一，它包含多种计算模型，如密度泛函理论模型等。该软件功能强大，包括过渡态搜索、键能、分子和原子轨道、振动频率、化学反应机理等多种计算。在分子、原子尺度的模拟上具有高精度。适用于分子和原子尺度的化学问题计算，但资源消耗较大，限制了其在多原子体系计算上的应用。

（3）Quantum ESPRESSO（QE） QE 是一套基于密度泛函理论、平面波和赝势集成的开源计算软件。该软件支持基态计算、结构优化、分子动力学、电化学和特殊边界条件设置等多种功能，适用于纳米级的电子结构计算和材料建模。

此外，还有 CASTEP、ABINIT、CP2K、QuantumATK 等。

8.1.2 微观尺度常用的计算软件

微观尺度常用的分子动力学模拟是一种基于牛顿力学原理的分子模拟方法，用于模拟分子间相互作用的运动和能量变化。以下是一些常见的分子动力学计算软件：

（1）LAMMPS（Large-scale Atomic/Molecular Massively Parallel Simulator） LAMMPS 侧重于材料领域的模拟研究，包括固态材料（金属、半导体）、柔性物质（生物分子、聚合物）、粗粒度介观体系等，既可以模拟二维体系，也可以模拟三维体系，支持模拟多达数百万甚至数十亿粒子的分子体系。

（2）GROMACS（GROningen MAchine for Chemistry Simulation） GROMACS 是集成了高性能分子动力学模拟和结果分析功能的免费开源软件，旨在模拟具有复杂键合相互作用的生物化学分子结构，如蛋白质、脂质和核酸，同时也可用于非生物体系，如聚合物、有机物和无机物等。

（3）AMBER AMBER 是旨在模拟生物大分子的分子动力学软件，包含多个独立开发的软件包，可用于准备分子系统坐标和参数文件、加载生成力学参数文件、进行分子动力学模拟和轨迹分析等。

此外，还有 CHARMM（Chemistry at Harvard Macromolecular Mechanics）、NAMD（NAnoscale Molecular Dynamics）、OpenMM 等软件，同时新的软件也在不断涌现。

8.1.3 介观尺度常用的计算软件

介观尺度的相场计算（phase field calculation）是一种基于相场法（phase field method）的数值模拟技术，它主要用于模拟材料科学、物理学、化学工程等领域中的相变和微观结构演化过程。相场法以 Ginzburg-Landau（金兹堡 - 朗道）理论为物理基础，通过微分方程来体现具有特定物理机制的扩散、有序化势和热力学驱动的综合作用，并通过计算机编程求解这些方程，从而获取研究体系在时间和空间上的瞬时状态。不同的相场模拟问题可能需不同的物理模型和参数设置，这些特定的需求往往无法直接通过现有的软件或工具包来满足，因此需研究者自行编写代码，但也有针对特定问题的计算软件，如 MICRESS。MICRESS，它作为一款基于多相场理论的微观组织演化模拟软件，由德国亚琛工业大学（RWTH）ACCESS 研究中心开发及维护，适用于相转变过程，在时间和空间范围内的微观组织形成计算。

8.1.4 宏观尺度常用的计算软件

宏观尺度以有限元为例，常见的有限元分析（FEA）计算软件有很多，在科学研究、工程技术和各种工业领域中得到了广泛应用。以下是一些主要的有限元分析计算软件：

（1）ANSYS　ANSYS 提供结构分析、流体分析、电磁场分析等多个模块，能够处理线性、非线性、静力、动力、疲劳、断裂、复合材料、优化设计等多种问题。该软件功能全面、技术先进、支持并行计算，广泛应用于航空航天、船舶、兵器、能源电力、核能、石油化工、汽车、通用机械、电子电器、铁道机车、土木建筑等领域。

（2）Abaqus　Abaqus 是强大的工程模拟有限元软件，用于解决从简单的线性分析到复杂的非线性问题，包括接触和摩擦、复杂的材料模拟、高温应力分析和复杂的模拟加载等。该软件拥有丰富的单元库和材料模型库，支持隐式和显式联合求解，广泛应用于机械制造、土木工程、隧道桥梁、水利水电、汽车制造、船舶工业、航空航天等领域。

（3）COMSOL Multiphysics　COMSOL Multiphysics 分析软件能够有效模拟科学与工程领域中的各种物理过程。该软件具备卓越的计算性能和出色的双向直接耦合分析能力，实现了高精度的数值仿真，广泛应用于多个领域。

其他常用软件还有 OptiStruct、SolidWorks Simulation、Altair HyperWorks 等。

8.2　计算模拟在服役损伤机理中的应用

计算模拟在服役损伤机理中的应用非常广泛，特别是在材料科学和工程领域，本小节将介绍几种经典计算方法在该领域的应用。

8.2.1　第一性原理计算

第一性原理计算（first-principles calculation）也称从头计算（ab-initio calculation），是一种基于量子力学基本原理的计算方法，不依赖任何经验参数或实验数据。其核心思想是通过求解电子和原子系统的基本方程（如薛定谔方程），直接计算出系统的各种物理和化学性质。第一性原理计算基于量子力学基本原理，能够精确描述电子和原子的行为，提供高精度的计算结果，可以应用于各种材料和物质，包括金属、半导体、绝缘体、分子、纳米材料等，具有优异的适用性。此外，第一性原理计算可以用于计算材料的电子结构、几何结构、力学性能、光学性质、磁学性质、热力学性质、表面和界面性质等。与经验参数方法不同，第一性原理计算不依赖于任何实验数据或经验参数，完全基于基本物理定律，这使得它在预测新材料和新现象方面具有很大的优势。不同的第一性原理计算软件所依托的理论不同，其侧重和擅长领域也略有差别。

以 VASP 为例，VASP 擅长处理晶体和周期性结构的计算。因而，VASP 在计算晶体结构稳定性以预测相变，计算材料硬度、弹性模量、剪切弹性模量和泊松比等力学性能参数，以及能带和态密度等电子交互作用方面有较多应用。Xueyan Zhu 等通过密度泛函理论（DFT）研究了不同空位浓度如何改变 α-Zr 的力学性能。空位浓度对弹性模量（单位为 GPa）的影响如图 8-2 所示。通过构建含不同空位浓度的 Zr 的晶胞，计算空位形成能、体积模量、剪切模量、弹性模量和泊松比，预测空位对力学性能的影响规律：均匀分布的空位可以降低材料延展性，同时提高其硬度。然而，当空位浓度大于临界值时，延展性的上升和硬度的降低就会发生，可能会导致材料的退化。

晶界对材料的结构强度有非常重要的影响，除预测材料晶体结构的力学性能外，第一性原理计算在探究界面结构强度方面也有广泛的应用。晶界的晶体结构会直接影响晶界的强度，与此同时，晶界偏析可以显著改变材料力学性能，其中晶界内聚力一直备受关注，人们已经做了大量工作来探索偏析物对其的影响。然而受限于实验手段，晶界强度的精准测量一直是一个难点，而第一性原理计算则可以弥补上述不足。Jingliang Wang 等利用第一性原理计算探究了纯铁 Σ5 晶界处 B、C 和 P 的偏析对晶界强度的影响，计算揭示了 B 和 C 引起脆化和去脆化的机理。如图 8-3 所示，计算揭示了不同元素原子在晶界偏析后的原子结构、力学性能和界面处电子的交互作用。

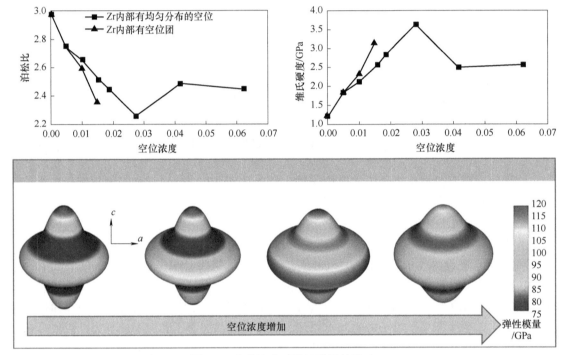

图 8-2　空位浓度对弹性模量的影响

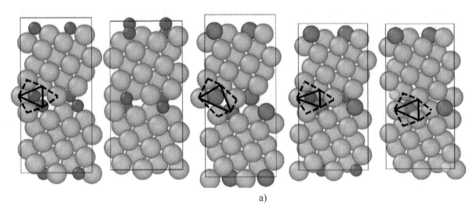

a)

图 8-3　不同元素原子在晶界的偏析

a）原子结构

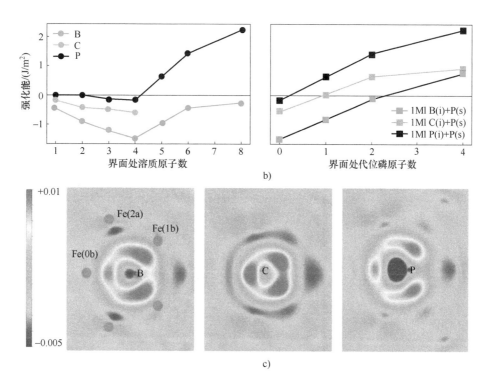

图 8-3　不同元素原子在晶界的偏析（续）

b）力学性能　c）界面处电子的交互作用

　　Xin Wei 等人利用第一性原理计算研究了氧化物薄膜的形成及其因多分子吸附（O_2、H_2O 和 Cl_2）而产生的形变行为。O_2 和 H_2O 的共吸附加速了氧化物薄膜的生成，这是由于 O 原子从表面迁移到内部结构。H_2O 吸附在干净的 Al（111）表面上倾向于在表面附近释放 O 原子，并使 H 原子远离表面，通过 O 原子发生键合，分子平面从表面法线倾斜。随后，由于预吸附的 O 原子与 H_2O 的 O 原子之间的静电排斥，与 H_2O 结合的 Al 原子从所有吸附结构中被拉出，此后伴随着表面重构。氧化物薄膜的形成及表面应变如图 8-4 所示。

　　第一性原理计算主要是通过对材料微观结构的合理建模及计算，探究其力学性能和热力学性能，进而定性描述材料服役过程中引入的某种或某几种因素对力学性能的影响。虽然第一性原理计算在材料科学和凝聚态物理等领域有着广泛的应用，但也存在一些不足和局限性。首先，第一性原理能计算的模型尺度较小，仅能计算数百原子左右的体系，聚焦于纳米级微观结构。其次，标准的密度泛函理论（DFT）在计算半导体和绝缘体的带隙时往往会低估带隙值，这是因为 DFT 中的交换 - 相关函数，如 LDA（局部密度近似）和 GGA（广义梯度近似），不能准确描述电子间的相互作用。最后，赝势的选择和构建可能会影响计算结果的准确性。不同的赝势可能会导致不同的计算结果，这需要经验和判断来选择合适的赝势。标准的第一性原理计算通常在绝对零度下进行，而实际材料的性质可能会受到温度的显著影响。

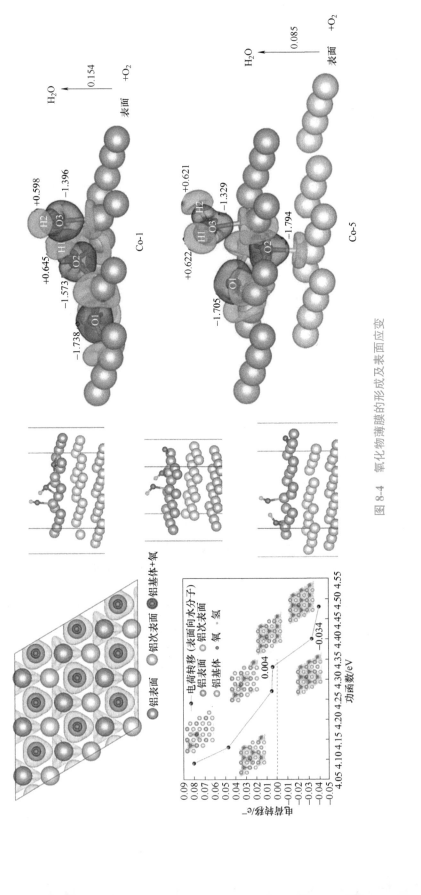

图 8-4　氧化物薄膜的形成及表面应变

8.2.2　分子动力学计算

分子动力学计算基于经典力学，主要通过求解牛顿运动方程来模拟原子和分子的运动。其核心思想是 $F=ma$，其中，F 是作用在原子或分子上的力，m 是质量，a 是加速度。通过数值积分方法（如 Verlet 算法、Leapfrog 算法等），可得到原子和分子的轨迹。分子动力学在模拟复杂系统方面有很高的计算效率，可以计算多种物理量，如温度、压力、能量、扩散系数、弹性模量、介电常数等。此外，分子动力学能够模拟材料在不同条件下的动态行为，如相变、扩散、断裂、疲劳等，提供时间演化的信息，并支持多种边界条件（如周期性边界条件）和热力学系综，如 NVE（微正则系综）、NVT（正则系综）、NPT（等温等压系综）等，能够模拟不同的物理环境。

得益于复杂体系计算和较大尺度的优势，分子动力学计算在材料失效领域有非常多的应用。①材料断裂和裂纹扩展。模拟材料在不同条件下的断裂行为，揭示裂纹的形成、扩展和相互作用机制。例如，通过分子动力学模拟研究硅的脆性断裂，讨论了动态断裂韧性与静态应变能释放率之间的关系，以及多晶 BBC-Fe 在加载条件下的裂纹扩展行为。②疲劳失效。用于研究材料在循环应力作用下的疲劳行为，如镍基单晶超合金的热机械疲劳（TMF）特性。③界面开裂。模拟不同材料界面的失效行为，如不同温度下 SiC/BN 界面的理想拉伸强度和断裂韧度等界面性能。④辐照损伤。研究材料在辐照环境下的损伤行为，如 Ti-6Al-4V 合金在辐照条件下的位移级联行为。

如图 8-5 所示，利用蒙特卡罗和分子动力学（MC/MD）混合模拟和理论分析，系统的研究了 CoNiCrFe 高熵合金中位错、层错和晶界（GBs）等缺陷附近的元素偏析。计算表明所有缺陷周围都存在明显的铬富集和 Co/Ni/Fe 贫化现象，揭示了结构无序程度与元素偏析/贫化现象之间的相关性。

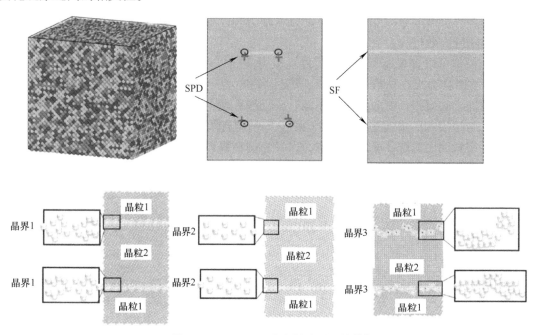

图 8-5　CoNiCrFe 合金缺陷附近的偏析

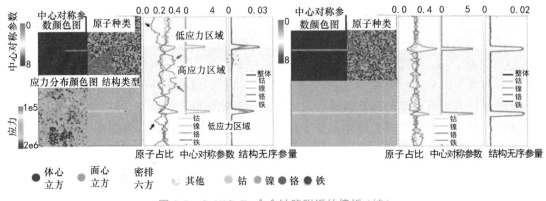

图 8-5 CoNiCrFe 合金缺陷附近的偏析（续）

分子动力学计算也存在不足，如分子动力学依赖于力场（势函数）来描述原子间的相互作用。力场的选择和参数化对模拟结果有很大的影响，但开发和验证准确的力场是一个复杂且耗时的过程。传统的分子动力学基于经典力学，忽略了量子效应，而在某些情况下量子效应可能显著影响材料行为。分子动力学模拟的时间尺度通常在纳秒到微秒范围内，空间尺度在纳米到微米范围内，难以直接模拟更长时间和更大尺度的现象。

8.2.3 有限元模拟计算

有限元模拟是一种强大的数值计算工具，具有能处理复杂几何形状、多物理场耦合，以及高精度和灵活性等优点，广泛应用于工程和科学研究。然而，其计算资源需求高、网格划分复杂、依赖于模型和假设等缺点也需在实际应用中加以考虑和克服。通过合理的模型选择、网格划分和参数设置，可以充分发挥有限元模拟计算的优势，解决复杂的工程和科学问题。相较于较小尺度的第一性原理计算和分子动力学计算，有限元模拟计算可以最大限度地模拟宏观实物的失效过程。

有限元模拟可以直观地模拟宏观器件在应力应变过程中的应力分布和破坏过程，如 Bin Liu 等模拟了铝合金板在球形、椭球形、圆柱形和立方形压头作用下的失效过程（图 8-6）。除了常规条件下的模拟，有限元模拟还能开展极端环境中的材料失效过程模拟，如燃气涡轮发动机中密封涂层的磨损问题。Jiahao Cheng 等利用有限元模拟实现了高应变率和高温环境中的可磨耗密封涂层的塑性变形和损伤，以及它们在界面处的失效行为。极端环境中涂层的磨蚀失效分析如图 8-7 所示。

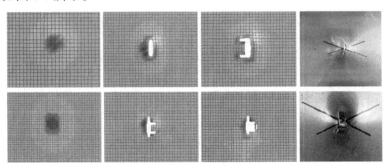

图 8-6 铝合金板的失效过程

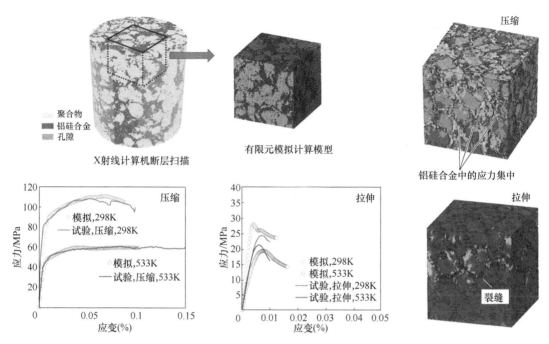

图 8-7　极端环境中涂层的磨蚀失效分析

　　计算模拟在研究材料服役损伤机理中发挥着重要作用，通过多种模拟方法，可深入理解材料在极端环境中的损伤行为和失效机制。这些研究不仅有助于提升材料的服役寿命和可靠性，还能指导新材料的设计和开发。

参 考 文 献

［1］ 褚武扬. 氢脆和应力腐蚀［M］. 北京：科学出版社，2013.

［2］ KOYAMA M, ROHWERDER M, TASAN C C, et al. Recent progress in microstructural hydrogen mapping in steels：quantification，kinetic analysis，and multi-scale characterisation［J］. Materials science and technology，2017，33（13）：1481-1496.

［3］ LYNCH S P. Mechanisms of hydrogen assisted cracking：a review［J］. Metals and materials society，2003：449-466.

［4］ FERREIRA P J, ROBERTSON I M, BIRNBAUM H K. Hydrogen effects on the interaction between dislocations［J］. Acta materialia，1998，46（5）：1749-1757.

［5］ SAITO K, HIRADE T, TAKAI K. Hydrogen desorption spectra from excess vacancy-type defects enhanced by hydrogen in tempered martensitic steel showing quasi-cleavage fracture［J］. Matallurgical and materials transactions A，2019，50（11）：5091-5102.

［6］ 钟振前，田志凌，杨春. EBSD 技术在研究高强马氏体不锈钢氢脆机理中的应用［J］. 材料热处理学报，2015，36（2）：77-83.

［7］ WEI F G, TSUZAKI K. Quantitative analysis on hydrogen trapping of TiC particles in steel［J］. Metallurgical and materials transactions A，2006，37（2）：331-353.

［8］ TAKAHASHI J, KAWAKAMI K, KOBAYASHI Y, et al. The first direct observation of hydrogen trapping sites in TiC precipitation-hardening steel through atom probe tomography［J］. Scripta materialia，2010，63（3）：261-264.

［9］ WEI F G, HARA T, TSUZAKI K. High-resolution transmission electron microscopy study of crystallography and morphology of TiC precipitates in tempered steel［J］. Philosophical magazine，2004，84（17）：1735-1751.

［10］ LEE J, LEE T, KWON Y J, et al. Effects of vanadium carbides on hydrogen embrittlement of tempered martensitic steel［J］. Metals and materials international，2016，22（3）：364-372.

［11］ CHEN Y S, HALEY D, GERSTL S S, et al. Direct observation of individual hydrogen atoms at trapping sites in a ferritic steel［J］. Science，2017，355（6330）：1196-1199.

［12］ ZHANG B, MA Z, MA Y, et al. In-situ scanning Kelvin probe force microscopy on the diverse hydrogen trapping behaviours around incoherent NbC nanoprecipitates［J］. Journal of materials science & technology，2024，194：216-224.

［13］ MA Y, SHI Y, WANG H, et al. A first-principles study on the hydrogen trap characteristics of coherent nano-precipitates in α-Fe［J］. International journal of hydrogen energy，2020，45（51）：27941-27949.

［14］ 雍岐龙. 钢铁材料中的第二相［M］. 北京：冶金工业出版社，2006.

［15］ SERRA A, BACON D J, POND R C. Comment on "atomic shuffling dominated mechanism for deformation twinning in magnesium"［J］. Physical review letters，2010，104（2）：029603.

［16］ CHEN Y S, LU H, LIANG J, et al. Observation of hydrogen trapping at dislocations，grain boundaries，and precipitates［J］. Science，2020，367（6474）：171-175.

［17］ WEI F, TSUZAKI K. Hydrogen absorption of incoherent TiC particles in iron from environment at high temperatures［J］. Metallurgical and materials transactions A，2004，35（10）：3155-3163.

［18］ NAGAO A, KURAMOTO S, ICHITANI K, et al. Visualization of hydrogen transport in high strength steels affected by stress fields and hydrogen trapping［J］. Scripta materialia，2001，45（10）：1227-1232.

［19］ ZHANG B, ZHU Q, XU C, et al. Atomic-scale insights on hydrogen trapping and exclusion at incoherent interfaces of nanoprecipitates in martensitic steels［J］. Nature communications，2022，13（1）：3858.

［20］ YAN Y J，YAN Y，HE Y，et al. Hydrogen-induced cracking and service safety evaluation for precipitation strengthened austenitic stainless steel as hydrogen storage tank［J］. International journal of hydrogen energy，2014，39（31）：17921-17928.

［21］ WANG G，YAN Y，LI J，et al. Microstructure effect on hydrogen-induced cracking in TM210 maraging steel［J］. Materials science and engineering：A，2013，586：142-148.

［22］ RAZMPOOSH M H，DIGIOVANNI C，ZHOU Y N，et al. Pathway to understand liquid metal embrittlement（LME）in Fe-Zn couple：from fundamentals toward application［J］. Progress in materials science，2021，121：100798.

［23］ GONG X，MARMY P，QIN L，et al. Effect of liquid metal embrittlement on low cycle fatigue properties and fatigue crack propagation behavior of a modified 9Cr-1Mo ferritic-martensitic steel in an oxygen-controlled lead-bismuth eutectic environment at 350℃［J］. Materials science and engineering：A，2014，618：406-415.

［24］ GONG X，MARMY P，VOLODIN A，et al. Multiscale investigation of quasi-brittle fracture characteristics in a 9Cr-1Mo ferritic–martensitic steel embrittled by liquid lead–bismuth under low cycle fatigue［J］. Corrosion science，2016，102：137-152.

［25］ MARTIN M L，AUGER T，JOHNSON D D，et al. Liquid–metal-induced fracture mode of martensitic T91 steels［J］. Journal of nuclear materials，2012，426（1-3）：71-77.

［26］ LUO J，CHENG H，ASL K M，et al. The role of a bilayer interfacial phase on liquid metal embrittlement ［J］. Science，2011，333（6050）：1730-1733.

［27］ YU Z，CANTWELL P R，GAO Q，et al. Segregation-induced ordered superstructures at general grain boundaries in a nickel-bismuth alloy［J］. Science，2017，358（6359）：97-101.

［28］ LUDWIG W，PEREIRO-LóPEZ E，BELLET D. In situ investigation of liquid Ga penetration in Al bicrystal grain boundaries：grain boundary wetting or liquid metal embrittlement？［J］. Acta materialia，2005，53（1）：151-162.

［29］ ZHOU G，LIU X，WAN F，et al. Liquid metal embrittlement mechanism［J］. Science China，1999，42：200-206.

［30］ HUGO R C，HOAGLAND R G. Gallium penetration of aluminum：in-situ TEM observation at the penetration front［J］. Scripta materialia，1999，41（12）：1341-1346.

［31］ SU Y J，WANG Y B，CHU W Y. In situ TEM observation of liquid metal embrittlement of Al single crystals in Hg + 3 atm%Ga［J］. Key engineering materials，1998，145-149：1053-1058.

［32］ ZHANG D，CAI K，ZHENG J，et al. Experimental study on liquid metal embrittlement of Al-Zn-Mg aluminum alloy（7075）：from macromechanical property experiment to microscopic characterization［J］. Materials，2024，17（3）：628.

［33］ GONG X，SHORT M P，AUGER T，et al. Environmental degradation of structural materials in liquid lead-and lead-bismuth eutectic-cooled reactors［J］. Progress in materials science，2022，126：100920.

［34］ HOJNA A，HADRABA H，GABRIELE F D，el al. Behaviour of pre-stressed T91 and ODS steels exposed to liquid lead-bismuth eutectic［J］. Corrosion science，2018，131：264-277.

［35］ VAN DEN BOSCH J，COEN G，HOSEMANN P，et al. On the LME susceptibility of Si enriched steels ［J］. Journal of nuclear materials，2012，429（1-3）：105-112.

［36］ ERSOY F，GAVRILOV S，VERBEKEN K. Investigating liquid-metal embrittlement of T91 steel by fracture toughness tests［J］. Journal of nuclear materials，2016，472（1-2）：171-177.

［37］ EZUGWU E O，BONNEY J，YAMANE Y. An overview of the machinability of aeroengine alloys［J］. Journal of Materials Processing Technology，2003，134（2）：233-253.

［38］ 师昌绪，仲增墉. 我国高温合金的发展与创新［J］. 金属学报，2010，46（11）：1281-1288.

［39］ 师昌绪，仲增墉. 中国高温合金 40 年［J］. 金属学报，1997，33（1）：1-8.

［40］YU P，MA W. A modified theta projection model for creep behavior of RPV steel 16MND5［J］. Journal of materials science & technology，2020，47：231-242.

［41］NA Y，LEE J. Interpretation of viscous deformation of bulk metallic glasses based on the Nabarro-Herring creep model［J］. Journal of materials processing technology，2007，187（2）：786-790.

［42］SMITH T M，UNOCIC R R，DEUTCHMAN H，et al. Creep deformation mechanism mapping in nickel base disk superalloys［J］. Materials at high temperatures，2016，33（4-5）：372-383.

［43］SCATTERGOOD R，KOCH C，MURTY K，et al. Strengthening mechanisms in nanocrystalline alloys ［J］. Materials science and engineering：A，2008，493（1-2）：3-11.

［44］XU C，YAO Z H，DONG J X，et al. Mechanism of high-temperature oxidation effects in fatigue crack propagation and fracture mode for FGH97 superalloy［J］. Rare metals，2019，38：642-652.

［45］HU S，FINKLEA H，LIU X. A review on molten sulfate salts induced hot corrosion［J］. Journal of materials science & technology，2021，90：243-254.

［46］LI X，LI K，LI S，et al. Revealing the oxidation mechanism of ferritic heat resistant steel in high-temperature flue gas［J］. Corrosion science，2022，205：110441.

［47］郁金南. 材料辐照效应［M］. 北京：化学工业出版社，2007.

［48］万发荣. 金属材料的辐照损伤［M］. 北京：科学出版社，1993.

［49］ZINKLE S J，WAS G S. Materials challenges in nuclear energy［J］. Acta materialia，2013，61（3）：735-758.

［50］杨文斗. 反应堆材料学［M］. 北京：原子能出版社，2000.

［51］万发荣，褚武扬，肖纪美，等. Fe-10%Cr 铁素体合金中氢对辐照诱起偏析的影响［J］. 物理学报，1996，（3）：464-469.

［52］黄鹤飞，李健健，刘仁多，等. 316 奥氏体不锈钢离子辐照损伤中的温度效应研究［J］. 金属学报，2014，50（10）：1189-1194.

［53］林建波. Hastelloy N 合金的离子辐照损伤及辐照后熔盐腐蚀机理研究［D］. 上海：中国科学院研究生院（上海应用物理研究所），2014.

［54］FUKUYA K. Current understanding of radiation-induced degradation in light water reactor structural materials［J］. Journal of nuclear science and technology，2013，50（3）：213-254.

［55］AZEVEDO C R F. A review on neutron-irradiation-induced hardening of metallic components［J］. Engineering failure analysis，2011，18（8）：1921-1942.

［56］李光福. 压水堆压力容器接管 - 主管安全端焊接件在高温水中失效案例和相关研究［J］. 核技术，2013，36（4）：229-234.

［57］GAUME M，BALDO P，MOMPIOU F，et al. In-situ observation of an irradiation creep deformation mechanism in zirconium alloys［J］. Scripta materialia，2018，154：87-91.

［58］申华海. 锆合金带电离子辐照效应及氦泡演化行为研究［D］. 成都：电子科技大学，2015.

［59］LIM Y S，KIM D J，KIM S W，et al. Characterization of internal and intergranular oxidation in Alloy 690 exposed to simulated PWR primary water and its implications with regard to stress corrosion cracking［J］. Materials characterization，2019，157：109922.

［60］SONG G D，CHOI W I，JEON S H，et al. Combined effects of lead and magnetite on the stress corrosion cracking of alloy 600 in simulated PWR secondary water［J］. Journal of nuclear materials，2018，512：8-14.

［61］WAS G. S. Fundamentals of radiation materials science：metals and alloys［M］. 2nd ed. New York：Springer，2017.

［62］DU D，SONG M，CHEN K，et al. Effect of deformation level and orientation on SCC of 316L stainless steel in simulated light water environments［J］. Journal of nuclear materials，2020，531：152038.

［63］W. ZAKARIA W N L，KEE K E，ISMAIL M C. The effect of sensitization treatment on chloride induced stress corrosion cracking of 304L stainless steel using U-bend test [J]. Materials today: proceedings, 2020, 29: 75-81.

[64] ZIEMNIAK S E, HANSON M. Corrosion behavior of 304 stainless steel in high temperature, hydrogenated water [J]. Corrosion science, 2002, 44 (10): 2209-2230.

[65] WANG S, HU Y, FANG K, et al. Effect of surface machining on the corrosion behaviour of 316 austenitic stainless steel in simulated PWR water [J]. Corrosion science, 2017, 126: 104-120.

[66] KUANG W, SONG M, WANG P, et al. The oxidation of alloy 690 in simulated pressurized water reactor primary water [J]. Corrosion science, 2017, 126: 227-237.

[67] DUNN B, KAMATH H, TARASCON J M. Electrical energy storage for the grid: a battery of choices [J]. Science, 2011, 334 (6058): 928-935.

[68] LU J, CHEN Z, PAN F, et al. High-performance anode materials for rechargeable lithium-ion batteries [J]. 2018, 1: 35-53.

[69] CHANG H J, ILOTT A J, TREASE N M, et al. Correlating microstructural lithium metal growth with electrolyte salt depletion in lithium batteries using 7Li MRI [J]. Journal of the American chemical society, 2015, 137 (48): 15209-15216.

[70] PELED E. The electrochemical behavior of alkali and alkaline earth metals in nonaqueous battery systems—the solid electrolyte interphase model [J]. Journal of the electrochemical society, 1979, 126 (12): 2047.

[71] GOODENOUGH J B, KIM Y. Challenges for rechargeable Li batteries [J]. Chemistry of materials, 2010, 22 (3): 587-603.

[72] ZHAO Q, STALIN S, ARCHER L A. Stabilizing metal battery anodes through the design of solid electrolyte interphases [J]. Joule, 2021, 5 (5): 1119-1142.

[73] LIN D, LIU Y, CUI Y. Reviving the lithium metal anode for high-energy batteries [J]. Nature nanotechnology, 2017, 12 (3): 194-206.

[74] LIN D, YUEN P Y, LIU Y, et al. A silica - aerogel - reinforced composite polymer electrolyte with high ionic conductivity and high modulus [J]. Advanced materials, 2018, 30 (32): 1802661.

[75] ZHOU D, LIU R, HE Y B, et al. SiO$_2$ hollow nanosphere-based composite solid electrolyte for lithium metal batteries to suppress lithium dendrite growth and enhance cycle life [J]. Advanced energy materials, 2016, 6 (7): 1502214.

[76] ZUO X, ZHU J, MüLLER-BUSCHBAUM P, et al. Silicon based lithium-ion battery anodes: A chronicle perspective review [J]. Nano energy, 2017, 31: 113-143.

[77] HE Y, JIANG L, CHEN T, et al. Progressive growth of the solid–electrolyte interphase towards the Si anode interior causes capacity fading [J]. Nature nanotechnology, 2021, 16 (10): 1113-1120.

[78] LIU X H, ZHONG L, HUANG S, et al. Size-dependent fracture of silicon nanoparticles during lithiation [J]. ACS nano, 2012, 6 (2): 1522-1531.

[79] GUO Z P, MILIN E, WANG J Z, et al. Silicon/disordered carbon nanocomposites for lithium-ion battery anodes [J]. Journal of the electrochemical society, 2005, 152 (11): A2211.

[80] LIU N, WU H, MCDOWELL M T, et al. A yolk-shell design for stabilized and scalable Li-ion battery alloy anodes [J]. Nano letters, 2012, 12 (6): 3315-3321.

[81] LIU N, LU Z, ZHAO J, et al. A pomegranate-inspired nanoscale design for large-volume-change lithium battery anodes [J]. Nature nanotechnology, 2014, 9 (3): 187-192.

[82] BYJACQUESOUDARWISE E. Deactivation and poisoning of catalysts [M]. New York: Marcel Dekker, INC, 1985.

[83] YUAN B, ZHU T, HAN Y, et al. Deactivation mechanism and anti-deactivation measures of metal

catalyst in the dry reforming of methane: a review [J]. Atmosphere, 2023, 14 (5): 770.

[84] WANG Y, ZHANG R, YAN B. Ni/Ce0. 9Eu0. 1O1. 95 with enhanced coke resistance for dry reforming of methane [J]. Journal of catalysis, 2022, 407: 77-89.

[85] WANG D, LITTLEWOOD P, MARKS T J. Coking can enhance product yields in the dry reforming of methane [J]. ACS catalysis, 2022, 12 (14): 8352-8362.

[86] BESENBACHER F, CHORKENDORFF I, CLAUSEN B, et al. Design of a surface alloy catalyst for steam reforming [J]. Science, 1998, 279 (5358): 1913-1915.

[87] BARTHOLOMEW C H, STRASBURG M V, HSIEH H Y. Effects of support on carbon formation and gasification on nickel during carbon monoxide hydrogenation [J]. Applied catalysis, 1988, 36: 147-162.

[88] HUTCHINGS G J, COPPERTHWAITE R G, THEMISTOCLEOUS T, et al. A comparative study of reactivation of zeolite Y using oxygen and ozone/oxygen mixtures [J]. Applied catalysis, 1987, 34 (1-2): 153-161.

[89] FICHTL M B, SCHLERETH D, JACOBSEN N, et al. Kinetics of deactivation on $Cu/ZnO/Al_2O_3$ methanol synthesis catalysts [J]. Applied catalysis A: general, 2015, 502: 262-270.

[90] 曹敏, 毛玉娇, 王倩倩, 等. 金属催化剂烧结机制及抗烧结策略 [J]. 化工进展, 2023, 42 (2): 744-755.

[91] YUAN W, ZHANG D, OU Y, et al. Direct in situ TEM visualization and insight into the facet-dependent sintering behaviors of gold on TiO_2 [J]. Angewandte chemie international edition, 2018, 57 (51): 16827-16831.

[92] HU S, LI W X. Sabatier principle of metal-support interaction for design of ultrastable metal nanocatalysts [J]. Science, 2021, 374 (6573): 1360-1365.

[93] CAO A, VESER G. Exceptional high-temperature stability through distillation-like self-stabilization in bimetallic nanoparticles [J]. Nature materials, 2010, 9 (1): 75-81.

[94] ZHANG H, PAN J, ZHOU Q, et al. Nanometal thermocatalysts: transformations, deactivation, and mitigation [J]. Small, 2021, 17 (7): 2005771.

[95] FAVARO M, VALERO-VIDAL C, EICHHORN J, et al. Elucidating the alkaline oxygen evolution reaction mechanism on platinum [J]. Journal of materials chemistry A, 2017, 5 (23): 11634-11643.

[96] LI A, OOKA H, BONNET N, et al. Stable potential windows for long-term electrocatalysis by manganese oxides under acidic conditions [J]. Angewandte chemie international edition, 2019, 58 (15): 5054-5058.

[97] LUTTERMAN D A, SURENDRANATH Y, NOCERA D G. A self-healing oxygen-evolving catalyst [J]. Journal of the American chemical society, 2009, 131 (11): 3838-3839.

[98] RAI A, PARK K, ZHOU L, et al. Understanding the mechanism of aluminium nanoparticle oxidation [J]. Combustion theory and modelling, 2006, 10 (5): 843-859.

[99] HODNIK N, JOVANOVI P, PAVLII A, et al. New insights into corrosion of ruthenium and ruthenium oxide nanoparticles in acidic media [J]. The journal of physical chemistry C, 2015, 119 (18): 10140-10147.

[100] WU D, ZHOU J, LI Y. Mechanical strength of solid catalysts: Recent developments and future prospects [J]. Aiche journal, 2007, 53 (10): 2618-2629.

[101] GRIFFITH A A. The phenomena of rupture and flow in solid [J]. Philosophical transactions of the royal society A, 1920, A221 (4): 163-198.

[102] ZHU Y, ZHAO H, HE Y, et al. In-situ transmission electron microscopy for probing the dynamic processes in materials [J]. Journal of physics D: applied physics, 2021, (44): 54: 443002.

[103] LIU X H, WANG J W, HUANG S, et al. In situ atomic-scale imaging of electrochemical lithiation in silicon [J]. Nature nanotechnology, 2012, 7 (11): 749-756.

［104］ SHEN C, GE M, LUO L, et al. In situ and ex situ TEM study of lithiation behaviours of porous silicon nanostructures ［J］. Scientific reports, 2016, 6 (1): 31334.

［105］ ADKINS E R, JIANG T Z, LUO L L, et al. In situ transmission electron microsopy of oxide shell-induced pore formation in (de) lithiated silicon nanowires ［J］. Acs energy Letters, 2018, 3 (11): 2829-2834.

［106］ XU Z-L, CAO K, ABOUALI S, et al. Study of lithiation mechanisms of high performance carbon-coated Si anodes by in-situ microscopy ［J］. Energy storage materials, 2016, 3: 45-54.

［107］ YUAN W, ZHU B, LI X Y, et al. Visualizing H_2O molecules reacting at TiO_2 active sites with transmission electron microscopy ［J］. Science, 2020, 367 (6476): 428-430.

［108］ YUAN W, ZHU B, FANG K, et al. In situ manipulation of the active Au-TiO_2 interface with atomic precision during CO oxidation ［J］. Science, 2021, 371 (6528): 517-521.

［109］ HIRSCH P B, HORNE R W, WHELAN M J. Direct observations of the arrangement and motion of dislocations in aluminium ［J］. Philos ophical magazine, 2006, 86 (29-31): 4553-4572.

［110］ STEINHAUER S, WANG Z, ZHOU Z, et al. Probing electron beam effects with chemoresistive nanosensors during environmental transmission electron microscopy ［J］. Applied physics letters, 2017, 110 (9): 094103.

［111］ MEHDI B L, QIAN J, NASYBULIN E, et al. Observation and quantification of nanoscale processes in lithium batteries by operando electrochemical (S) TEM ［J］. Nano letters, 2015, 15 (3): 2168-2173.

［112］ NELSON C T, GAO P, JOKISAARI J R, et al. Domain dynamics during ferroelectric switching ［J］. Science, 2011, 334 (6058): 968-971.

［113］ SHAN Z W, MISHRA R K, ASIF S A S, et al. Mechanical annealing and source-limited deformation in submicrometre-diameter Ni crystals ［J］. Nature materials, 2008, 7 (2): 115-119.

［114］ ZHANG X, HE Y, SUSHKO M L, et al. Direction-specific van der Waals attraction between rutile TiO_2 nanocrystals ［J］. Science, 2017, 356 (6336): 434-437.

［115］ GE M, SU F, ZHAO Z, et al. Deep learning analysis on microscopic imaging in materials science ［J］. Materials today nano, 2020, 11: 100087.

［116］ ZHANG Q, ZHANG L Y, JIN C H, et al. CalAtom: a software for quantitatively analysing atomic columns in a transmission electron microscope image ［J］. Ultramicroscopy, 2019, 202: 114-120.

［117］ SONG E, ANDANI M T, MISRA A. Quantification of grain boundary effects on the geometrically necessary dislocation density evolution and strain hardening of polycrystalline Mg_4Al using in situ tensile testing in scanning electron microscope and HR-EBSD ［J］. Journal of magnesium and alloys, 2024, 12 (5): 1815-1829.

［118］ CHO B K, JUNG S Y, PARK S J, et al. In situ/operando imaging techniques for next-generation battery analysis ［J］. ACS energy letters, 2024, 9 (8): 4068-4092.

［119］ LOUIE S G, CHAN Y H, DA JORNADA F H, et al. Discovering and understanding materials through computation ［J］. Nature materials, 2021, 20 (6): 728-735.

［120］ ZHU X, GAO X, SONG H, et al. Effects of vacancies on the mechanical properties of zirconium: an ab initio investigation ［J］. Materials and design, 2017, 119: 30-37.

［121］ RAABE D, HERBIG M, SANDLÖBES S, et al. Grain boundary segregation engineering in metallic alloys: a pathway to the design of interfaces ［J］. Current opinion in solid state and materials science, 2014, 18 (4): 253-261.

［122］ WEI X, DONG C, CHEN Z, et al. Co-adsorption of O_2 and H_2O on Al (111) surface: a vdW-DFT study ［J］. RSC advances, 2016, 6 (83): 79836-79843.

［123］ FREYSOLDT C, GRABOWSKI B, HICKEL T, et al. First-principles calculations for point defects in solids ［J］. Reviews of modern physics, 2014, 86 (1): 253-305.

［124］ SWADENER J G，BASKES M I，NASTASI M. Molecular dynamics simulation of brittle fracture in silicon ［J］. Physical peview letters，2002，89（8）：085503.

［125］ ZHU J，HE X，YANG D，et al. A peridynamic model for fracture analysis of polycrystalline BCC-Fe associated with molecular dynamics simulation ［J］. Theoretical and applied fracture mechanics，2021，114：102999.

［126］ LU J，LI J，ZHANG X，et al. Molecular dynamics simulation of the temperature effect on ideal mechanical properties of SiC/BN interface for SiC_f/SiC composites ［J］. Composite interfaces，2023，30（1）：81-102.

［127］ HE T，LI X，QI Y，et al. Molecular dynamics simulation of primary irradiation damage in Ti-6Al-4V alloys ［J］. Nuclear engineering and technology，2024，56（4）：1480-1489.

［128］ MA S，LIU W，LI Q，et al. Mechanism of elemental segregation around extended defects in high-entropy alloys and its effect on mechanical properties ［J］. Acta materialia，2024，264：119537.

［129］ JOSHI S Y，DESHMUKH S A. A review of advancements in coarse-grained molecular dynamics simulations ［J］. Molecular simulation，2021，47（10-11）：786-803.

［130］ LIU B，CHEN C，GARBATOV Y. Material failure criterion in the finite element analysis of aluminium alloy plates under low-velocity impact ［J］. Ocean engineering，2022，266：113260.

［131］ CHENG J，HU X，LANCASTER D，et al. Modeling deformation and failure in AlSi-polyester abradable sealcoating material using microstructure-based finite element simulation ［J］. Materials and design，2022，219：110791.